城市照明工程系列丛书

张　华　　　丛书主编

U0172696

城市照明专项规划设计
（第二版）

荣浩磊　主编

中国建筑工业出版社

图书在版编目（CIP）数据

城市照明专项规划设计/荣浩磊主编. — 2版. —
北京：中国建筑工业出版社，2024.4
（城市照明工程系列丛书/张华主编）
ISBN 978-7-112-29687-3

Ⅰ. ①城… Ⅱ. ①荣… Ⅲ. ①城市公用设施-照明设
计 Ⅳ. ①TU113.6

中国国家版本馆 CIP 数据核字（2024）第 057261 号

本系列丛书以城市照明专项规划设计、道路照明和夜景照明工程设计、城市照明工程施工及竣工验收等行业标准为准绳，收集国内设计、施工、日常运行、维护管理等实践经验和案例等内容。在本书修编时，组织了国内一些具有较高理论水平和设计、施工管理丰富的实践经验人员编写而成。

本系列丛书主要包括国内外道路照明标准介绍、道路照明设计原则和步骤、设计计算和设计实例分析、道路照明器材的选择、机动车道路的路面特征及照明评价指标、接地装置安装、现场照明测量和运行维护管理等内容。

本书修编的主要内容：根据最新规范，修订城市景观照明建设规划定义及工作阶段划分。增加了存量提质改造、城市更新等发展理念；城市照明规划实施评估机制；新型测量方法和测量仪器的介绍；利用手机信令等新型信息技术进行调研的介绍，以及国内管理成功的案例、开放空间案例、临时节假日活动案例、最新景观照明规划案例、规划设计导则实践案例等。

本系列丛书叙述内容深入浅出、图文并茂，具有较强的知识性和实用性，不仅可供城市照明行业设计师、施工员、质量检验员、运行维护管理人员学习参考使用，也可作为城市照明工程安装和照明设备生产企业有关技术人员学习参考用书和岗位培训教材。

责任编辑：杨 杰 张伯熙
责任校对：张惠雯

城市照明工程系列丛书
张 华 丛书主编

城市照明专项规划设计
（第二版）
荣浩磊 主编

*

中国建筑工业出版社出版、发行（北京海淀三里河路9号）
各地新华书店、建筑书店经销
北京科地亚盟排版公司制版
北京同文印刷有限责任公司印刷

*

开本：787毫米×1092毫米 1/16 印张：12¾ 字数：314千字
2024年4月第二版 2024年4月第一次印刷
定价：**42.00**元
ISBN 978-7-112-29687-3
（42248）

《城市照明工程系列丛书》修编委员会

主　　编：张　华
副 主 编：赵建平　荣浩磊　刘锁龙
编　　委：李铁楠　麦伟民　凌　伟　张　训　吕　飞
　　　　　吕国峰　周文龙　王纪龙　沈宝新　孙卫平
　　　　　郗书堂　隋文波

本书修编委员会

主　　编：荣浩磊
副 主 编：吕　飞
编写人员：（排名不分先后）
　　　　　张倩倩　陈海燕　马　晔　李　静　戎海燕
　　　　　胡　熠　陈　洋　杨　烨　张贤德　郑利伟
　　　　　王　宁　张　辰

丛书修编、编审单位

修编单位：《城市照明》编辑部　中国建筑科学研究院建筑环境与
　　　　　能源研究院　北京同衡和明光电研究院有限公司　常州
　　　　　市城市照明管理处　深圳市市容景观事务中心　上海市
　　　　　城市综合管理事务中心　常州市城市照明工程有限公司
　　　　　江苏宏力照明集团有限公司　鸿联灯饰有限公司　丹阳
　　　　　华东照明灯具有限公司
编审单位：北京市城市照明协会　上海市区电力照明工程有限公司
　　　　　成都市照明监管服务中心　南通市城市照明管理处

前　言

城市照明建设是一项系统工程，从城市照明专项规划设计、工程项目实施、方案遴选、器材招标、安装施工、竣工验收到运行维护管理等，每个环节都要精心策划、认真实施才能收到事半功倍的成效。当今中国的城市照明的发展十分迅速，并取得了巨大的成就，对城市照明的规划设计、工程项目的实施到运行维护管理都提出了更高的要求。

本系列丛书自 2018 年出版至今已 6 年，受到了相关专业设计和施工技术人员和高等院校师生的欢迎。近几年来，与城市照明相关的政策法规、标准规范的不断更新、完善，照明新技术、新产品、新材料也推陈出新。应广大读者要求，编辑委员会根据新的政策法规、标准规范，以及新的照明技术，对本系列丛书进行了全面修编。

住房和城乡建设部有关《城市照明建设规划标准》CJJ/T 307、《城市道路照明设计标准》CJJ 45 等一系列规范的颁布实施，大大促进了我国城市照明建设水平的提高。我们在总结城市照明行业多年来实践经验的基础上，收集了近年来我国部分城市照明管理部门的城市照明规划、设计、施工、验收、运行维护管理的典型方案，以及部分生产厂商近几年来开发的新技术、新产品、新材料，整理、修编成城市照明工程系列丛书。

本系列丛书书名和各书主要修编人员分工：

《城市照明专项规划设计（第二版）》　　荣浩磊
《城市道路照明工程设计（第二版）》　　李铁楠
《城市夜景照明工程设计（第二版）》　　荣浩磊
《城市照明工程施工及验收（第二版）》　凌　伟
《城市照明运行维护管理（第二版）》　　张　训

本系列丛书在修编过程中参考了许多文献资料，在此谨向有关作者致以衷心的感谢。同时，由于编者水平有限，修编时间仓促，加之当今我国城市照明新技术、新产品的应用和施工水平的不断发展，系列丛书的内容疏漏或不尽之处在所难免，恳请广大读者不吝指教，多提宝贵意见。

目　　录

第 1 章　城市照明规划制定的研究

1.1　研究背景

进入 21 世纪以来，城市照明在世界范围内不断掀起热潮，中国的城市照明建设也受到前所未有的关注。为了适应中国城市照明迅速发展的需求，减少建设与管理无序、重视觉形象轻社会经济效益、光污染和光干扰严重等负面影响，推动城市照明建设的可持续发展，使城市照明管理工作有法可依，制定完善可行科学的城市照明规划成为目前城市照明工程建设的首要任务。

1.1.1　世界城市照明日益受到重视

电的发明开创了城市照明的新纪元，城市照明与电力时代同步，始于 19 世纪末的美国，并于 20 世纪 30 年代在欧美国家出现一次高潮，到 20 世纪的后 50 年，特别是最近 20 年，在科技、经济、文化等各方面的综合作用下，城市照明又一次成为城市建设中备受关注的焦点。

城市照明的建设发展已经成为城市文明发展程度的一个象征，它使城市突破了时间的限制，全天 24 小时展示自身的形象与活力，对城市在吸引外资、发展旅游观光以及促进文明等方面均有积极的意义。国际上许多城市都采取了积极的行动，通过城市照明再塑和美化城市夜间形象，改善投资环境、居住环境，同时也促进了城市商业与旅游业的繁荣与发展，给城市带来巨大的经济效益与社会效益，如里昂、巴黎、纽约、东京、悉尼及我国许多一线城市等。最近（国际灯光城市协会）（Lighting Urban Community International，简称 LUCI）的成立，也说明了发展城市照明事业已经是世界性的趋势。

1.1.2　我国城市照明建设处于关键时期

最近二十年来，我国的城市照明建设速度之快、规模之大举世瞩目。据中国市政工程协会城市照明专业委员会 2016《城市照明年鉴》统计，2015 年末，全国 1098 个城市照明管理单位管理道路照明灯 2333.89 万盏、444 个城市管理夜景照明 1758.63 万盏（不含北京、上海、天津、重庆、杭州、广州等城市的夜景照明盏数）。2021 年我国城市道路照明灯数量从 2013 年的 2199.6 万盏增长至 3245.9 万盏，预计 2022 年有望达到 3500 万盏。夜景照明除政府统一建设外，绝大多数为公共建筑或商业地产自发建设，增幅无从统计，发达地区增长率更高，近 10 年我国夜景照明总量已超过多数发达国家。

以 1989 年上海外滩建筑照明作为我国大规模城市景观照明的起点，经过 1999 年建国五十大庆、2008 年奥运会、2010 广州亚运会、G20 杭州峰会、青岛上合峰会、北京"一带一路"会议等多个重大国事活动和体育赛事的集中建设高潮，我国城市夜观照明如今在量的方面已达到相当的规模，在总量方面有较大规模增长，技术水平有了长足的进步，原来的传统热光源、气体放电光源已逐步被 LED 光源及激光所代替；照明方式由简单勾边发展为泛光照明、内透光照明、动态照明、媒体立面照明、灯光表演等多种方式组合，照明项目从过去单幢建筑照明为主发展为重要区域乃至整个城市的整体考量；亮灯时间上从过去只有节日开灯发展成平日常设亮灯等多模式多时段智能控制。

第一，是缺乏总体部署与统筹协调。由于城市景观照明属于新兴领域，长期以来在城市景观照明领域研究相对滞后，城市规划管理部门缺少控制和管理的科学依据，中国城市夜间景观环境的形成基本上处于自发、随机的状态。因为城市景观照明工程周期短、见效快，又能以相对较低的代价直接、直观地反映、提升一个城市的形象，一些城市急功近利，未经总体规划就盲目攀比模仿、大干快上，致使城市景观照明建设成为边设计、边施工、边申报的"三边"工程，各个工程相互独立、缺乏协调和统一。城市照明本身不成系统，与其他相关城市规划（如景观规划、广告规划、历史文化名城保护规划等）的衔接也无从谈起，如由于城市照明中未充分重视与广告规划的配合，或由于行政管理归属的不同，常常致使广告照明成为城市照明中的不和谐因素。

第二，是只重视景观视觉效果，没有真正考虑人的生活需要。与市民夜间休闲交流的需要相比，很多城市更愿意将资源投放到"作秀"上，没有把普通市民的日常城市生活需要、地域习俗以及喜闻乐见的传统文化融入城市景观照明，消耗大量资金和能源后，市民的夜生活并未得到直接改善，还经常受到眩光的困扰。许多城市在公共空间内设置了大量灯光设施，但配置十分粗放随意，连基本的地形辨识都有困难，自然无法吸引市民夜间户外活动。

第三，是缺少对城市特色的挖掘与表现。许多城市的景观照明多集中于主要商业街道、滨河地带和大体量新建筑，而这些物质载体往往是最近二十年间建设完成的，空间形态与设计风格比较相近；再加上各地对"新技术"的喜好，往往照明设计手法也趋同，结果除少数拥有特殊地形地貌的城市外，夜景千城一面、令人生倦。

第四，是光污染、光干扰问题日趋突出。城市照明不是越亮越好，有些城市动辄以"不夜城"为目标，以"亮如白昼"为美，对照明对象不加选择，滥用大功率投光灯，不仅耗能高、污染环境，而且干扰人们休息、影响动植物正常生长，并使城市丧失了自然的星空夜景。

第五，由于从组织立项到设计施工验收缺乏系统的管理依据和技术支持，这些问题愈加突出。在立项阶段，很多城市往往是由"大事件"推动，缺乏从资金投入和社会经济效益的平衡方面进行严谨的可行性论证，随意性很大；在设计环节，许多城市的道路照明、景观照明方案往往不经过照明、建筑、艺术等方面的专业人员推敲、论证，而是由这方面行政主管领导仅凭设计效果图确定，这种"权力审美"经常造成不规范、不合理建设，如在主干路（按国家标准严禁采用非截光型灯具）使用眩光极强的装饰性灯具；在施工环节，单个工程的施工验收往往只关注电气安全，对亮度、光色等效果缺少有效控制手段；一旦完工，维护管理上又责任不清，城市照明设施只是一时辉煌，使用不久设施就被破坏而得不到及时修复的现象十分普遍。

综上所述，随着我国目前社会经济的发展，城市照明建设一方面反映出人们对提高居住环境的美学质量存在迫切的需求；另一方面，也充分暴露出我国在城市照明规划研究方面的极大不足。城市规划管理部门缺乏能应用和实施的规划理论和方法，以致无法进行有效地管理和控制，全国普遍存在"建设失控"和"建设性破坏"的现象。事实证明，缺乏科学理论指导的、短时间内一拥而上的大规模建设是很难得到有效控制的，最终难免事与愿违。

针对这些问题，近年从经济较发达的大城市开始，城市照明建设开始出现理性回归的趋向，不再一味地追求亮度和规模，城市照明开始寻求精品工程的出现，政府导向强调科学的发展观，城市规划管理部门开始寻求系统控制和管理的科学依据，希望城市照明走上可持续发展的道路。

1.1.3　直接缘起

如上节所述，我国政府开始意识到城市照明规划的重要性，针对这些问题，近年从经济较发达的大城市开始，城市照明建设开始出现理性回归的趋向，不再一味地追求亮度和规模，城市照明开始寻求精品工程的出现，政府导向强调科学的发展观，城市规划管理部门开始寻求系统控制和管理的科学依据，希望城市照明走上可持续发展的道路。

2004 年 11 月 25 日建设部与国家发展改革委联合举办了"2004 中国城市照明（国际）研讨会"，发布了建城〔2004〕204 号文件《关于加强城市照明管理，促进节约用电工作的意见》，文件指出应强化城市照明规划的指导作用，城市照明主管部门要会同城市规划主管部门和节能主管部门，以城市总体规划为依据，抓紧编制城市照明专项规划。

2010 年后，我国城市照明建设逐步进入井喷式发展，在丰富公众夜间生活、带动夜间经济增长、促进城市照明行业发展等方面取得了显著成效。但与此同时，脱离实际的面子工程、形象工程引发的过度建设、光污染、城市夜间风貌同质化等问题日益突显。2020年，《城市照明建设规划标准》颁布，要求通过对城市照明规划、设计、建设及运营全过程进行研究，突出简约适度、量力而为、防止过度亮化和光污染，指导各地提高照明建设水平，满足城市功能和景观需要，提升人居环境质量。

住房和城乡建设部办公厅于 2023 年发布了《关于进一步加强城市照明绿色低碳高质量发展的意见》，意见提出"到 2025 年底，全国地级及以上城市和东中部地区县级城市基本完成城市照明专项规划的发布"的任务，由此，国家层面在照明建设上，已明确了顶层规划管控的必要性。

1.2　研究意义

1.2.1　对于城市照明规划方法的完善

本研究是问题导向型的应用型研究，从我国城市照明建设发展的国情需求出发，在对城市照明进行广泛调查和专题研究的基础上，建立完整的理论框架，规范城市照明规划的任务、要求与成果体例，探索系统科学的规划方法，具有特别重要的意义。依据《城市照明建设规划标准》指导并规范全国城市照明市政管理部门、科研机构组织和规划设计单位、照明企业等进行城市照明规划与设计工作，使得全国城市照明规划、设计与建设具有共同遵循的标准，从而填补我国城市照明规划标准的空白。本书从认识论层面和方法论层面对城市照明规划方法加以完善。

（1）认识论层面

在对国内外城市照明发展状况和趋势的整理、分析的基础上，辨析城市照明规划概念，归纳出与之相关的三项核心内容——视觉环境质量、城市活力与和谐、可持续发展。

与该三项核心内容对应，引入视觉认知、城市经营、生态与环境等相关理论领域的研究，获得对"城市照明专项规划"概念及相关理论的完整认识。

（2）方法论层面

按照我国规划体制和实施程序的要求，将城市照明专项规划分为城市照明总体设计、重点地区照明规划设计和城市照明建设实施三个阶段，各阶段间应保持一致性和延续性；其中城市照明总体设计应提出系统化、全面覆盖的规划策略、方法和控制指标体系；对基础调研、景观架构、照明区划等核心技术环节提出实际操作办法，通过主客观评价试验，提出城市照明的评价模式和方法；以及提出对规划实施制度保障的建议；其中城市照明总体设计应最后结合实践，选择不同阶段的城市照明规划案例，从不同的侧重点阐述城市照明专项规划的方法与应用。

1.2.2　对于城市建设发展的促进意义

本研究的实际应用意义在于规范城市照明建设、有利于促进城市照明工程建设的可持续发展、保证城市夜间的交通安全、社会治安、环保节能等问题得到有效地解决，并会为城市带来良好的社会效益和巨大经济效益。

（1）提高城市夜间人居环境质量

随市经济发展，环境更新，市民夜生活日渐丰富，需要更安全优美、舒适宜人的城市夜间环境。

只有对城市照明的科学规划，统筹安排城市夜间活动场所的空间和时间分布，才能利用有限的社会资源，最大限度地满足和引导人们的夜生活需求，城市照明专项规划将为城市规划和政府管理部门更好地规划、建设和管理城市的夜间照明提供科学的理论依据，以及切实可行的操作方法，保证城市夜间环境的更新发展在有序的、健康的轨道上进行。通过城市照明建设，推动城市夜间人居环境质量与社会、经济效益等要素的统筹发展。

（2）体现地区文化和历史传统

在全球经济一体化发展的今天，电子、信息技术的高度进步，互联网的使用使各种信息的沟通成为瞬间之事，国家间、地区间、文化间的界限在日益消减，作为各种经济、技术、文化、政治活动的载体，城市的趋同也成为无法回避的事实。在日益高涨的保护环境的呼声中，对体现地区文化传统人文环境的保护观念得到了越来越多的关注和重视。城市夜间景观反映地区性成为当前非常重要的研究课题。

有选择、有层次的城市照明能在视觉上有效凸现城市人文景观，对形成强烈的地方性、民族性有着举足轻重的作用；同时，城市照明也能提供舒适宜人的夜间休闲环境，引导人的夜间活动，帮助形成具有特色的城市夜间活动热点，如传统的风味食街、传统民间艺术表演场所等，通过城市照明设计来营造空间气氛，使更多的人了解和享受民族地方文化的精华。

通过城市夜景照明来协助表现城市的地区文化内涵，捕捉城市生活中各异的特质，从多种角度去展示城市的复杂性和多样性，是在全球化大趋势下获得地区化、个性化发展的重要环节。

（3）节能环保

在近年来的城市照明建设中，出现大规模建设形象工程、盲目追求高亮度等问题，导致能源消耗不断增加，城市光污染日益严重。这些照明目标导向不清晰的现象都是由于缺乏科学系统的城市照明规划、在宏观层面的统筹协调和微观层面的具体指导所引起的。

自 2020 年 9 月中国明确提出 2030 年"碳达峰"与 2060 年"碳中和"的目标以来，国家层面出台了各类节能环保政策，同时全国范围的限电令也在进一步推动能源结构转型和升级。城市照明专项规划是科学指导城市照明建设的重要依据，是从源头上预防和避免城市照明可能带来的能源浪费、光污染、光干扰等负面影响的重要措施。照明规划可以针对不同城区设定不同的规划策略，权衡初始投资费用和维护费用的平衡，对景观元素有选择地进行照明，考虑在全周期下的经济和节能要求。并通过确定合理的照明标准、选择高效率灯具及高光效光源、合理利用可再生能源、合理使用照明控制等方法使城市照明在为城市带来经济效益的同时最大限度地降低对环境的影响。

1.3 研究内容

本研究的核心是城市照明规划的内容，并分析我国城市照明规划设计面临的问题和解决对策。研究内容主要集中于以下几个方面：

1.3.1 理论层面

通过对相关概念和理论的梳理分析，明确"城市照明"概念的定义、研究范围和目的，搭建城市照明规划研究的理论框架：关注城市宏观构图，进而探索视觉艺术环境（城市形态学、建筑学、色彩学、视觉审美），然后加入社会心理和行为结构（视觉心理学、行为心理学）的研究，再融入生态和可持续发展概念。框架主要关注价值观的问题，即如何平衡城市物质形态的表现与节能环保的要求；如何实现地方经济发展和市民行为互动的统一；在全球文化趋同、技术相近的情况下，如何保持城市夜间景观地方特色、民族特性和文化多样性等。

1.3.2 技术层面

总结城市照明专项规划的内容、要求与方法：遵循《城市照明建设规划标准》收集、分析、整理和总结国际上相关领域的研究成果，为建立适合国内的研究体系和操作方法提供借鉴和依据，包括确定规划各阶段的内容及成果体例；提出规划核心技术环节的实际操作方法，表现为提出一系列具有可操作性的规划方法和策略；并分析、论述城市照明的评价体系和管理策略。

1.3.3 应用层面

结合国内北京、广州、西安、武汉等几个城市和典型地区城市照明规划设计的实践活动，分别阐述了以基础资料调研分析结果确定城市道路照明架构和景观照明区域；建立全覆盖规划管理平台。通过以上实践活动，清晰《城市照明专项规划》如何对后期照明设计的控制指导等关键技术环节进行指导以及如何运用所提出的城市照明规划设计操作方法，为本书的理论论述提供实践支持。

1.4　研究方案

本研究以城市规划、视觉美学、城市经营理论为主要理论依据、以国内外文献整理和案例分析为手段、以社会调查为基础，以规划工程项目为试验单元，建立集信息采集、资料分析和工程项目验证于一体的研究方案。

1.4.1　理论基础

本研究中城市照明专项规划研究框架的构建，将以城市规划为基础平台，其过程框架和方法的研究，都不能脱离城市照明规划的理论基础，同时应充分结合我国特定的规划体制和实施程序背景。

城市照明规划与视觉艺术、城市活力和照明技术紧密相关，因此研究中强调各个学科理论之间的渗透和联系，试图实现关于城市照明发展的基础研究和规划学科应用导向之间的交流与融合。

研究中将引入视觉生理与心理学、景观美学、色彩学中理论中关于空间分析、视觉认知的研究成果，社会学、环境行为学、人文地理学理论中关于社会群体特征、互动关系、人地关系、行为分析的研究视角和方法，以提供对于城市照明与社会互动更为深入和全面的理解。

此外，研究中还将借鉴城市生态学中关于可持续发展的理论成果，以及借鉴公共政策理论，为城市照明专项规划面对多元利益分化和复杂社会问题的决策提供更为开阔的思路。

1.4.2　研究方法

本书主要采用规范研究与实证研究相结合的方法，具体的方法有：

（1）案例文献研究的方法

在理论思考阶段，主要基于对国内外相关文献和案例资料的收集与整理，选择较为典型的案例进行统计和分析，并通过对过去 30 年来城市照明规划的相关书籍、学术期刊、网络资源的研究，提炼出具有普遍意义的规划理念和规划方法。

（2）学科交叉的方法

城市照明本身就是一个复杂的问题，难以在某一学科框架体系内求解，因此，研究必须引入人居环境科学（建筑、规划、景观、技术）之外的其他学科，通过学科交叉产生理论创新点和应用解决方案。本书引入的交叉学科包括色彩学、视觉心理学、行为心理学、旅游学、文化地理学等。

（3）调查实践的方法

在实证研究阶段，利用参与社会调查和照明规划项目的机会，以及对长期从事城市照明专项规划管理、编制和科研的相关人士的访谈，获得对于现实问题更为深刻的认识，并对理论方法进行更具有针对性的实地验证和完善。

（4）比较研究法的方法

我国的城市照明规划研究还处于初步探索阶段，尚没有形成系统的理论基础和实践积累。所以在研究中有必要引入比较研究方法。以历史发展的眼光回顾和评价国外社会规划的发展历程和现状，选择性地借鉴其成熟经验和理论方法；同时，以我国当前城市照明发展和编制照明规划工作中的主要问题为导向，结合对政治、经济、社会背景和发展机制的考虑，探讨适合我国特色的城市照明专项规划模式。

（5）定性与定量相结合的方法

定性分析是建立在描述基础上的逻辑分析和推断，是对研究结果的"质"的分析。由于本书研究对象主要是城市照明规划的内容、要求和编制方法，而非"城市照明技术规范"，研究结论难以量化或没有量化必要，因此，定性研究是本书主要的研究方法。但是其中细节和技术部分，可以引入量化的分析，从而使研究更为缜密，使结论更具有说服力。本书的研究基本框架见图 1-1。

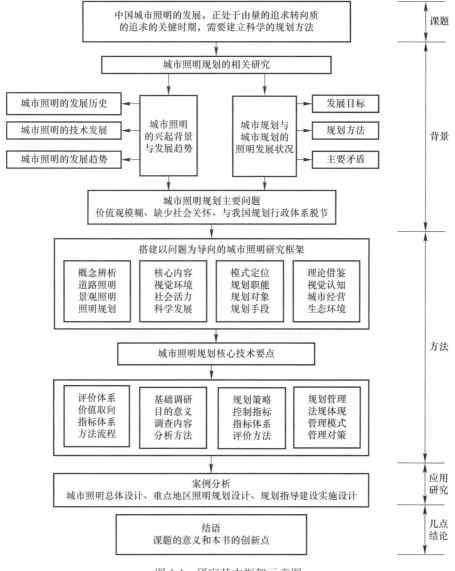

图 1-1 研究基本框架示意图

第2章 国内外城市照明发展状况

2.1 国外城市照明发展历史

在人类栖息的地球上，太阳曾是唯一的光源。40万年以前，北京猿人钻木取火，不仅获得了热，而且获得了最原始的光。从此，人类的生活无时无刻不需要光的存在，在各种文明中，从夸父逐日到普罗米修斯盗取神火，人类从文明伊始就对光有着一种特殊的依赖。随着人类科技的进步、城市的发展，人工光已成为我们生活中不可或缺的一部分。

2.1.1 20世纪前的国外城市照明

中世纪的欧洲居民，夜间要锁上自家的门，除了手持火把的夜间巡逻警察外，没有特殊的理由，是不许外出的。虽然当时谈不上什么城市的夜生活和夜景观，但宗教有关的节日庆典活动还是存在"景观照明"的雏形。如歌德证实，圣安吉洛堡的焰火和圣彼得堡教堂的建筑照明在15～19世纪的意大利历史上占有重要地位。1547年，为了应对每年的节日照明需要，圣彼得堡教堂的穹顶专门安设了永久性的烛台（图2-1、图2-2）。

图2-1 圣安吉洛堡的焰火　　　　图2-2 圣彼得堡教堂

正式的道路照明，是在1667年按照路易十四的命令，把蜡烛或灯笼悬挂在横跨街道的绳索上开始的；柏林在1680年前后，把灯笼悬挂在专用的支柱上，后来改为悬挂在街灯立柱上。伦敦则直到18世纪还是采用过去的老形式，把自备照明灯具挂在自家的住房上。

文艺复兴之后，与这种为了街道的安全而进行的照明形式对比，在欧洲的公共和私人的节日或庆典中，开始经常出现焰火演出和对纪念性建筑的照明，并延续至今。比较著名的如1674年凡尔赛宫的运河照明和1717年为纪念查尔斯六世的根特大楼照明。Johann Wolfgang Goethe在1787年对罗马的"La Girandola"进行了生动描述："柱廊、教堂、穹顶被焰火勾勒出轮廓，过了一会则变成了大面积的焰火，令人印象深刻，焰火的巧妙设置，创造出如同神话般的美妙景象。"20世纪90年代开始的里昂灯光节，虽然技术大大进步了，主要的活动形式仍可看到历史的影子。

18世纪以后，在欧洲的首都城市夜间生活渐渐丰富，这也是现代城市文明特征现象之一。1700年前后，英国建造了游乐园，人们购票入园，欣赏音乐会演出、焰火、舞蹈等。商业照明由此而生，为夜间的城市增添了活力，18世纪中期，闪亮的橱窗成为面向街道的展示空间。

1814年，煤气灯新技术作为道路照明开始出现在伦敦的大街上，虽然煤气灯和煤油灯发光比较相似，但煤气灯具有更大的优点，就是点亮和关灭更容易控制。但当时也有明显的缺点，就是容易爆炸。从1850～1870年，是煤气灯的鼎盛时期，煤气灯也是表示西欧和美国工业发展的象征。但随着气灯的出现，人们开始关注照明的美学问题，很多人更为接受传统的油灯，气灯的形式不如油灯优美，安设位置、方式比较复杂，因此气灯的发展开始步入停滞。19世纪是煤气灯和煤油灯两种不同技术共存的时代（图2-3、图2-4）。

图2-3 圣詹姆斯公园由10000个煤气灯
提供照明的伦敦木塔

图2-4 协和宫电弧灯照明试验

19世纪末，电的发明改变了城市照明的特性、强度和持续时间。19世纪后期的美国开始把照明扩展到大尺度的空间环境，即城市范畴。首先是出于政治需求，代表作是庆祝1860年的林肯竞选总统、1876年美国独立宣言的发表所设置的照明。在1870年代，开始使用弧光灯（arc lights），从而使公共照明完成了彻底的变革。发明电弧灯后，各地就开始计划实现长期以来的梦想，即用灯光代替太阳，从空中照亮城市，创造一个和白天一样的明亮夜晚。在底特律，全城曾使用122座50m高的光之塔提供照明，由于眩光较大、照明效率不高，建成30年后被拆除（图2-5）。1879年爱迪生发明了白炽灯，并很快得到推广，在城市道路上，人群集中的商业街，商店都营业到深夜。城市夜生活的繁荣，成为走在时代前列的象征（图2-6）。

1880～1890年，电气化的照明已被广泛认同，特别是在大型展示会上得到广泛的应用。1880年，在米兰、慕尼黑、巴黎、路易斯维尔（肯塔基州）等地的大型展示会上使用了大量的电气化照明，出现了弧光灯和彩灯（colored lights）等多种形式的灯，对建筑立面、河岸、桥体进行装饰性照明。其中最著名的是埃菲尔铁塔，塔的平台、铁拱、底部都安设了彩色的白炽灯泡。巴黎世界博览会是照明技术史上的一次革命，展会中使用了当时非常先进的技术，白炽灯组成的线型照明对建筑轮廓进行了勾勒，建筑立面则用电弧灯泛光洗亮，此外还出现了彩光变化的照明。

图 2-5　底特律光之塔　　　　　　　　图 2-6　19 世纪末巴黎城市夜生活

巴黎世界博览会后，圣路易斯、旧金山、芝加哥和纽约展会都沿用了照明新技术，建筑的照明设计开始强调对建筑外形和材料特点的体现，建筑照明的技术和理论开始成形，并有着较强的持续性，直接影响到二十世纪的建筑照明。

1893 年的芝加哥世界博览会不只是照明技术的进步，也把照明扩展到了城市范畴，从交通、商业、广告以及其他不同类型的建筑，都被系统性的进行了照明设计，形成了一个城市尺度的视觉统一体。其中包括安设在街道上的电弧灯（路灯）、在建筑房檐上的轮廓灯、加设滤镜的彩色探照灯等（图 2-7）。在 1898 年的密西西比展会中，照明手段更加丰富，运用了棱镜和大量的灯泡组合成多种照明图案，形成喷泉般的梦幻效果（图 2-8）。

图 2-7　1893 年芝加哥博览会，　　　　图 2-8　1898 密西西比展会
　　　　爱迪生光塔的临时照明

在当时所有的工业化国家里，道路照明、永久性的商业照明和电子广告照明开始进入

公共领域和城市范畴。所以说，电气化的道路照明、建筑照明工具和艺术研究在 20 世纪前就已经存在了。18、19 世纪的照明使人们关注建筑在夜间的壮丽景象，也使人们相信在 20 世纪，夜间的建筑照明将会有更大发展。

2.1.2 20 世纪以来的国外城市照明

进入 20 世纪以后，国外城市照明的发展经历了一个外延不断扩展、内涵不断丰富、规模不断增加的过程。

20 世纪初，欧洲城市照明主要考虑功能性照明，主要目的是满足机动车驾驶的视觉辨识需要，达到保障交通安全、提高交通运输效率、方便人民生活、满足治安防范和美化城市环境的目的。美国则相对重视地标性建筑的景观照明，1886 年，自由女神雕像被运送到纽约的时候，设置了永久性的照明设施，但效果不佳，在 1917 年进行了调整，改善了雕像的照明效果，同年，华盛顿首府也进行了泛光照明。

二战期间，照明及光的艺术的发展一度受到冷落。1943 年，几位欧洲艺术家和建筑师提出了不朽的当代建筑可以以光及动态元素为介质，在夜晚时分将色彩、图形用光束投射到巨大的建筑外墙立面上。这个提议在二战期间难以被公众接受，但这些在当时并未产生实际影响的"瞬时建筑"的主张，如今却受到了当代建筑师的重视（图 2-9、图 2-10）。

图 2-9　胜利之光　　　　　　　　图 2-10　芝加哥 IBM 总部

二战刚结束之时，在世界各地的欢庆浪潮中，城市夜景照明再度重现和发展，如洛杉矶的皇冠之光，伦敦的胜利之光。人们重新利用探照灯，并把它视为以战争工具昭示和平的艺术象征。而德国在战后城市重建中，更是广泛运用照明。历史古迹的照明也重现之前的盛景，并常伴随着灯光节、建筑文化游等活动项目同时开展。由此发展出的城市灯光节在 20 世纪 80 至 90 年代盛行于全世界，并持续至今。战后在布鲁塞尔举行的首届世界博览会上，光的理念及应用进一步转换到更高的艺术领域，表现为色彩、图像、音乐的结合。

到了 20 世纪 50 年代，欧洲城市常设照明仍主要考虑道路功能照明，只关注光源技术和可量化的指标，国际照明委员会时任主席 De Boer 首先提出了在道路照明中应增加对视觉舒适性的考虑，但直到 20 世纪 70 年代，欧洲的城市照明似乎仍然只是道路照明的衍生物。美国建筑照明则出现了新的发展趋势，开始更多关注光的色彩和动态运用。美国独立照明设计师 Abe Feder 提出"光是一种建筑材料，能直接表现空间"，曾重新引发了关于人工照明与建筑关系的激烈讨论。

1973～1975 年的世界能源危机使城市景观照明发展再度陷入停滞。直到 1977 年之后建筑照明重新活跃起来，此时复古风格成了主题，更多的设计着力于展现了 20 世纪二三十年代的灯光景象。与此同时，商业灯光如霓虹灯更好地同建筑融为一体，从抽象形式上融入更深刻的艺术理念，从实际运用上起到更好地导向作用。

1980 年，国际照明委员会前后两任主席 Caminada 和 Bommel 最早提出了对居民、步行者需要进行系统研究。随后而来的 20 世纪 80 年代的十年，在欧洲，灯具设计变成了照明设计的主导要素，也标志着照明产品设计进入了现代生活。

接下来，从 20 世纪 90 年代开始的十年，城市美化（City Beautification，特指以城市景观照明为手段，提升城市形象）运动成为潮流，是使用照明手段大幅提升城市景观的过程。20 世纪欧洲城市照明发展情况见图 2-11。

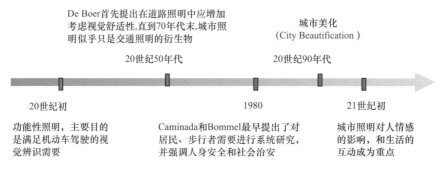

图 2-11　20 世纪欧洲城市照明发展

自世纪之交以来，随着高科技的发展，开始出现越来越多的动态彩色照明。计算机辅助设计也使得更为复杂的动态灯光效果得以实现。大型 LED 屏幕兴起的同时也面临着与建筑体本身结合的挑战。另一方面，对色彩、灯光的极度渲染与运用也遭到一定程度地批判。城市景观照明对人的情感的影响、和生活的互动成为重点。

二战之后的城市景观照明，在时间上回应反思前半个世纪的发展，在空间上更综合地融入道路、建筑、景观、地域文化等众多因素，深入照明理念的实践，并结合其他丰富的艺术表现手法。近半个世纪以来，其发展可谓一波三折，经历繁盛与低迷，不断迎合时代机遇，也受到各种挑战和质疑。然而就是在这样的情况下，建筑照明才得以不断地发展与成熟。夜间照明越来越深入地渗入城市景观和城市生活，带给人们非同寻常的城市体验。21 世纪以后，为达成绿色可持续化发展目标，各区域国家加快研发新能源灯具以及其智能控制系统，相继制定新的法律法规来限制低效灯具，高效 LED 节能灯具逐步代替传统光源。在此背景下，暗天空保护计划的推出也意味着照明设计主旨完成了从"明亮且均一的单色"到"绿色可持续化智能照明"的转变；智慧城市（Smart City）概念得以被普及，通过节能技术、新能源方案、新材料科技等技术，建设可持续发展的绿色智能城市照明已然成为各城市照明的重要发展方向。

2.2 国内城市照明发展历史

2.2.1 火光源时代

由前人笔记、文献、诗歌、唱词的描述中，可以看到中国古代的夜生活并不贫乏，尤其是唐代以后，中国社会进入发展鼎盛时期，社会比较安定繁荣，某些城市夜间的商贸活动和夜市比较发达。以对广州的描述为例，唐代人张籍曾描写道："蛮声喧夜市，海色润朝台"，明代孙典曾有《广州歌》，词云："春风列屋艳神仙，夜月满江闻管弦。……游野流连望所归，千门灯火烂相辉"。清代乾隆末年，著名诗人袁枚也曾赋诗描述广州的风光及夜间景象"教侬远上五羊城，海寺花田次第经。沙面笙歌喧昼夜，洋楼金碧耀丹青。"

（1）中华文明之光——古灯

古灯是以燃料燃烧所形成的火焰作光源的照明工具，原始先民点燃的篝火是灯的雏形。河北省武安县磁山出土的 7000 多年前的陶豆灯是目前最早发现的实物证据，陶豆灯盛行于商周时期，多陶制，也有青铜制、竹制或木制涂漆的。古灯的燃油主要是动物油，以牛油居多，植物油主要是麻籽油、油菜籽油、棉籽油、桐油等，油灯的灯芯是由火炬演变而来，到宋朝时期除上述油料外，用石油当作照明燃料也已出现。人们在长期燃点油灯时发现动物油脂燃烧时会产生大量的烟灰，对环境造成污染。因此就想出了一些能减少烟尘污染的办法，在 1983 年山西省朔县西汉墓出土的雁鱼灯（图 2-12），距今已 2000 多年，是我国最早的环保灯具，该灯还可以调整光照方向等功能。

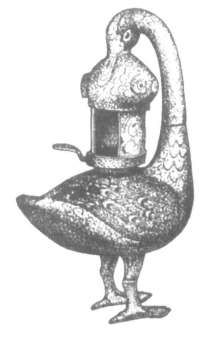

图 2-12　雁鱼灯

明、清两代是中国古代灯具发展最辉煌时期，最突出的表现是材料和种类更加丰富多彩。除金属、陶瓷、玉石、木质外，出现了玻璃和珐琅等新材料。古灯种类繁多，特别是花样不断翻新的宫灯兴起，形成了我国古灯的鼎盛时期。而发现古代用于夜间行人照明的路灯，最早发现尚属浙江省仙居县城关镇的石柱路灯，距今已 460 多年的历史。这一盏明代石柱路灯高 3.45m，呈方柱形，柱的顶端为大屋顶状，四面挑詹飞角，玲珑剔透，四周镂空成雕花状，既能造光又能防风，内空宽敞，晚上点亮灯具，缕缕光线射向四方。方形石柱上刻有对联、建造年代和捐建者名字，为清代嘉靖二十六年（公元 1547 年）所建。这是我国至今发现最早用油燃点的石柱路灯。图 2-13 为北京故宫内仿制的石柱燃油路灯。

图 2-14 是江苏省武进县商会于清光绪三十一年十二月（公元 1905 年 12 月）建设的煤油灯和煤气悬挂路灯。至民国元年（公元 1912 年）市自治公所与电灯公司多次磋商，改用电灯，灯泡一律采用十六支烛光，燃油费约每盏每日一分大洋。路灯离地约二丈，间隔距离 100 余步。

图 2-13　北京故宫内仿制的石柱燃油路灯

图 2-14　武进创办的煤油路灯

图 2-15　中国第一盏电光源路灯

（2）中国第一盏电光源路灯

中国第一盏路灯出现在清光绪五年四月初八（公元 1879 年 5 月 28 日），当时上海公共租界工部局电气工程师华晓浦（j. D. Bishop）在乍浦路一栋仓库里，以 10 马力（7.46 千瓦）蒸汽机为动力，带动自激式直流发电机，点燃碳极弧光灯，全国第一盏电灯问世。

于清光绪二十三年（公元 1897 年）清政府上海南市马路工程善后局在十六铺老太平码头创建了中国第一盏电光源路灯（图 2-15），于次年除夕（公元 1898 年元月 21 日）建成，并于当晚试灯。上海县令黄爱棠率官员亲临观看。

中国古代户外照明的使用，除了夜市活动，还与节日"张灯结彩"的风俗相关。清人陈徽言在《南越游记》中有这样的辞句，描绘一次节庆的夜晚市景："自藩署至南门，灯火辉煌，金鼓喧震，男女耳目，势不暇给……"。而岁末及平时的花节更是"灯日相辉，花香袭人"。在各项节日中，当属元宵节与照明关系最为密切。

元宵节是中国的传统节日，元宵赏灯始于东汉明帝时期，明帝提倡佛教，听说佛教有正月十五日僧人观佛舍利、点灯敬佛的做法，就命令这一天夜晚在皇宫和寺庙里点灯敬佛，令士族庶民都挂灯。以后这种佛教礼仪节日逐渐形成民间盛大的节日，该节日经历了由宫廷到民间、由中原到全国的发展过程。

元宵节的节期与节俗活动，是随历史的发展而延长、扩展的。就节期长短而言，汉代才一天，到唐代已为三天，赏灯活动更加兴盛，皇宫里、街道上处处挂灯，还要建立高大的灯轮、灯楼和灯树，唐朝大诗人卢照邻曾在《十五夜观灯》中这样描述元宵节燃灯的盛况"接汉疑星落，依楼似月悬"。宋代更重视元宵节，赏灯活动更加热闹，赏灯活动要进行五天，灯的样式也更丰富；明代更是自初八点灯，一直到正月十七的夜里才落灯，要连续赏灯十天，这是中国最长的灯节了。清代赏灯活动虽然只有三天，但是赏灯活动规模很大，盛况空前，除燃灯之外，还放烟花助兴。元宵灯会与春节相接，白昼为市，热闹非凡，夜间燃灯，蔚为壮观。精巧、多彩的灯火，更使其成为春节期间娱乐活动的高潮（图2-16）。

图2-16　元宵灯会

回顾中国火光源时代见诸记载的照明史，多关注灯具本身，且多从考古历史和美术工艺这两个角度出发进行研究。这固然是因为电气照明进入中国之前，古代户外少见利用火光源为城市提供永久性照明，另一方面，与节日观灯重视灯具自身的装饰性和观赏性的传统习俗有关。这种传统沿袭至今，仍然影响着我国民众对城市景观照明的理解和欣赏情趣。对于城市景观照明的心理预期往往集中于临时性的节日观"灯"，而非常设的平日观"景"，对城市夜间景观氛围往往更偏好于热闹和戏剧化，而非视觉舒适和美学品位。

2.2.2　萌芽阶段

1896年，中国建成了第一座正规火电厂——上海虹口斐伦路（今九龙路）火电厂，照明电光源才逐渐走入我国。1897年，上海十六铺太平码头安装了第一盏电光源路灯。1926年，霓虹灯传入我国。到20世纪30年代时，上海滩十里洋场的夜晚已是流光溢彩、光华四射。

　　但这毕竟是极少数城市才有的景象，从总体上来说，我国的城市照明起步较晚，1989年以前，还是以功能性道路照明为主，建筑照明以室内为主，建筑外立面景观照明处于萌芽阶段，只有特大城市核心地区的标志性建筑才有景观照明，如北京的长安街、上海的外滩和南京路的南京长江大桥等，景观照明方式也以白炽灯光源的轮廓灯勾边为主，平日很少开灯（图 2-17、图 2-18）。

图 2-17　上海南京路　　　　　　　　　　图 2-18　1988 年北京国际大厦

　　1989 年，上海市政府对外滩进行了统一的景观照明建设（图 2-19），当时其效果在国内外引起了强烈的反响，并产生了很好的经济和社会效益，受到市民和城市管理者的认同和欢迎。现在回顾，可称之为中国现代建筑景观照明发展的一道分水岭。

图 2-19　1989 年上海外滩照明

2.2.3　初始阶段

　　在此之后，1989～1999 年可称为中国的景观照明初始阶段，伴随着中国快速城市化而引发的建设热潮，建筑景观照明在中国进入了飞速发展的时期，越来越为世人所关注。尤其是在此期间，为了迎接香港回归、五十年国庆及澳门回归等重大政治庆典，大的省会城市配合市容整治着手组织重点城区的景观照明建设。建筑作为城市景观照明的主要载体，其照明得到充分的重视，使城市的夜晚焕发异彩。这一时期的建筑景观照明着眼点在

"亮起来",手法以泛光照明为主,建筑的表现比萌芽期显得丰满和立体化(图2-20、图2-21)。

图2-20 1998年上海美术馆

图2-21 1999年北京东方广场

2.2.4 普及阶段

1999~2008年可称为中国景观照明的普及阶段,之后直至2019年,可称为中国景观照明的高速发展阶段。城市的成功经验使城市管理者发现,和土建项目相比,城市景观照明投入不多,却能带来显著的效益。璀璨的景观在美化城市形象的同时,也繁荣了商业和旅游,提升了城市居民的生活质量。一时间,城市夜景照明成为管理者实现城市"现代化"、刺激消费、拉动经济、鼓舞民心的法宝。大城市的城市夜景照明建设在已有基础上,从重点区域向多个次中心发展,而中小城市不论自身载体条件好坏、经济实力强弱,纷纷提出要"城市亮化",政府进行公共建筑景观照明建设的规模和投资额度日益增大。同时,房地产业、商业的激烈竞争也促使开发商和经营者使用建筑景观照明手段,突出表现自己的项目(图2-22、图2-23)。

图2-22 2003年深圳公寓

图2-23 2003年杭州餐馆

这一时期的建筑景观照明主要目的在于"凸显"建筑,带有一种自我炫示的意味,追求高诱目性,在光污染与节能方面缺少有力的控制手段。照明手法趋向于多样化,大面积泛光照明不再占据压倒多数,多种先进照明技术如光纤、发光二极管(LED)、陶瓷管金卤灯(CDM)、数控电子调光等进入建筑景观照明领域。与硬件技术相比,设计理念与文化美学方面虽有所考虑,但相对薄弱。

2.2.5　理性阶段

当下中国的城市化发展已经是由高速度转向了高质量，增量建设存转向存量优化已经成了一种趋势。尤其 2019 年后疫情的几年当中，避免"过度照明"被反复强调，疫情也造成了旅游萎缩、政府财政资金吃紧。2019 年底，中央出台《关于整治"景观亮化工程"过度化等"政绩工程""面子工程"问题的通知》，2021 年国务院常务会议明文要求严禁财政资金用于形象工程和不必要的亮化美化。照明行业经历了过山车一样的历程，大背景已发生变化，经济增速放缓，"强刺激"推向了"新常态"，城市景观照明设计也进入了理性发展阶段，兼顾平衡的价值趋向。

2020 年 9 月，习近平主席在第七十五届联合国大会上郑重宣布：中国将提高国家自主贡献力度，采取更加有力的政策和措施，二氧化碳排放力争于 2030 年前达到峰值，努力争取 2060 年前实现碳中和。自此，国家各项政策均以"双碳"目标、能耗双控为前提，全面进入了能源转型、节能减排的时代。

本世纪经历过两次全国范围内的限电，分别是 2004 年和 2021 年。实际上，景观照明用电时间不涉及电网负荷峰值时段，更不会是压垮电网的那一根稻草。绿色节能是景观照明的永恒主题，也是实现双碳目标的应有之义，照明同行任重道远。但是，更期待的是在讨论景观照明与拉闸限电的关系时，能够实事求是、有理有据、专业理性，不要凭感觉、一刀切（图 2-24）。

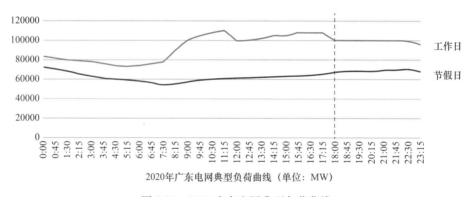

2020年广东电网典型负荷曲线（单位：MW）

图 2-24　2020 广东电网典型负荷曲线

虽然夜景照明并非像主观偏见中那样费电，但在"双碳""双控"等一系列节能减排政策的推动下，照明建设开始出现理性回归的趋向，由量的追求转向质的追求，对于中国照明建设的前景来说，绿色照明理念的不断拓展是可持续健康发展的必要条件，也是照明规划从顶层设计阶段就需要考虑的前提条件。2022 年 6 月 30 日，住房和城乡建设部与国家发展改革委联合印发的《城乡建设领域碳达峰实施方案》，要求加强城市照明规划、设计、建设运营的全过程管理，减少出现过度亮化和光污染问题。

2.3　城市照明的技术发展

如前所述，当前城市照明的发展已经到了一个新的阶段，要综合考虑节约能源、降低光污染、丰富场景等一系列问题，而这离不开先进照明技术手段的支持。只有了解照明技术的最新发展，才能合理调整城市照明规划的目标与策略。而与照明光学、城市照明紧密相关的技术要素，主要包括有光源、灯具、控制等技术方面。

2.3.1　光源技术

人类摆脱对天然光和火光源的依赖，进入电气照明时代后，短短一百年间，电光源不断推陈出新，热辐射光源、气体放电灯、固体发光光源等组成了庞大的应用光源家族。不同光源具有不同的发光原理，常见的传统光源有热态物体特别是固体的热炽发光、气体放电中原子和分子的直接发射以及由紫外转换为可见辐射的发光等。LED 的发光原理是当电流通过晶片时，N 型半导体内的电子与 P 型半导体内的空穴在发光层剧烈地碰撞复合产生光子，以光子的形式发出能量。

从目前的趋势来看，传统热辐射光源、气体放电光源将逐渐退出历史舞台。自 2006年起，中国启动逐步淘汰白炽灯的步骤，至 2016 年已禁止进口和销售 15W 及以上普通照明白炽灯。我国在 2006 年住建部颁发的《城市道路照明设计标准》CJJ 45 就已明确规定道路照明不应采用高压汞灯和白炽灯。国外各国政府已经启动逐步禁止使用白炽灯的计划。美国要求自 2023 年 8 月 1 日起禁止生产和销售白炽灯泡和卤素灯泡，欧盟自 2023 年9 月 1 日起，卤素灯将停止使用。

另外，自 2025 年起，依据《关于汞的水俣公约》，中国将逐步淘汰含汞荧光灯产品的生产和使用，加拿大环境部和卫生部提出了对 1999 年《加拿大环境保护法》的修正案，该法案将在 2023 年底前有效地逐步淘汰大多数荧光灯的生产，并在 2026 年底前禁止销售绝大多数荧光灯。环保、节能成为照明产品迭代的一大发展趋势。

在气体放电光源产品中高压钠灯具有光效高的显著优点，广泛应用于城市的道路、庭院照明等。但传统高压钠灯的显色性较低，无法达到更高要求的照明设计。高显色性高压钠灯的研制弥补这一缺陷，显色性达到 80 以上，而与此相应的它的光效也有所下降。而金卤灯在光效、显色性、寿命等各方面表现相对均衡。但随着 LED 在光效、显色性、寿命、瞬时启动等诸多方面的明显优势，钠灯和金卤灯也在逐步被替代，到 2017 年为止，欧盟 27 国被要求仅只能销售库存产品。在道路照明领域，LED 已成为主流光源，我国也在各城市推行路灯节能改造工程，将钠灯逐步替换为 LED 路灯。

在景观照明领域，目前 LED 光源以能耗低、控制灵活等显著优势已经进入成熟期。自 2010 年以来，LED 成本下降了 80% 以上，这使得 LED 更具有成本竞争力；LED 照明的光效已经超过传统光源，2020 年在实验室测试数据达到 150lm/W，与白炽灯和卤素灯相比，LED 可以减少 50%～70% 的用电量；LED 灯具瞬时启动，在控制方面优势更明显，如单灯控制、无线远程控制、故障反馈等功能已经广泛使用，使照明管控更智能。综合各项优势，LED 灯具目前几乎占领了室外景观照明的主流市场。

城市夜间环境色彩有别于白天。城市白天环境色彩由自然光来表现，夜间环境色彩则由人工光来塑造。物体呈现的颜色是由物体自身的光谱反射比与光源的光谱能量分布共同决定的，照明条件的不同会导致建筑物夜间与白天形象有很大差别。自然光由直射日光和天空漫射光共同组成，人工光源由于发光原理的不同分为多种。城市中景观元素（受照物）的光谱反射比是不变的。因此，城市夜间环境色彩优劣的关键是人工光源颜色的选择和显色性的把握。只有了解光源的颜色特性和受照材质的光谱反射特性才能够对照明的效果有所把握。

2.3.2　灯具技术

灯具的发展主要以功能性和美观性两大方面为主。从功能性上来看，灯具技术发展的主要方向是提高效率、精确控光。主要指改进光学部件设计、提高材质性能和表面处理工艺，利用科学的光学设计得到合理的配光，充分利用光源发出的光通量，只有这样才能真正达到高效、节能的目的。从美观性来看，主要包含三种途径：一种是隐蔽安装灯具，其效果是"见光，不见灯"，这要求灯具体积小、易隐藏，并具有很好的控光能力，以降低对安装空间的要求；另一种是灯具以其独特的造型，构成别致的景观，成为建筑环境中的艺术品；第三种是灯具本身成为建筑或构筑物的结构的一部分，构成建筑、灯具、照明一体化，这要求灯具设计在建筑设计进行的过程中就加以考虑。

目前在城市景观照明中较受关注的灯具技术热点有：

（1）LED 芯片封装技术

LED 封装主要朝着高发光效率、高可靠性、高散热能力和薄型化方向发展。中国在2017 年已经取得了较高的光效成就，功率型白光 LED 产业化的光效达到了 180lm/W，LED 室内灯具和室外灯具的光效也都取得了显著的进步；芯片级封装（CSP）是一种新一代的封装技术，广泛应用于手机闪光灯、显示器背光等领域。CSP 封装具有体积小、薄型、散热能力强等优势，被认为是 LED 行业超电流驱动的最佳解决方案。然而，CSP 的热膨胀系数不匹配问题是目前需要解决的难题之一；板上芯片（COB）封装集成光源技术能够解决色差、散热等问题，因此在商业照明领域得到广泛应用。大功率白光 LED 的COB 封装是近年来的研究热点，涉及低热阻封装工艺、高取光率封装结构、阵列封装等关键技术。中国科学院自主研发的透明荧光陶瓷材料在大功率 LED 封装中发挥了重要作用。这种材料具备自主知识产权，涵盖从材料配方到封装工艺的全链条技术，有望降低LED 生产成本，提高国际竞争力。

总体而言，LED 封装技术在不断演进和创新，以提高发光效率、可靠性和降低成本为主要目标。各种封装技术的发展，特别是 CSP 和 COB 技术的应用，为 LED 行业带来了新的机遇和挑战。透明荧光陶瓷等自主研发的材料和技术，也为中国 LED 产业的发展提供了有力支持。

（2）智能多功能灯杆研发和应用

未来的路灯均可作为市政设施的集中终端。目前每盏智慧灯杆上安装 100～200WLED光源可替代原先的 250～400W 高压钠灯，在满足道路照明要求的基础上，大大降低电能损耗。同时，单灯可按照天气变化，完成调节光强、色温等，实现智能照明。此外，灯杆上加载的摄像头、显示屏传感器、AP、微基站、充电桩等，集成了安防监控、信息发布、Wi-Fi、移动网络、汽车充电等服务。每盏智能路灯，从单纯的一盏灯，演变成了复合型多功能的城市物联网智慧终端，成为智慧城市建设和运营不可或缺的组成部分（图 2-25）。

（3）控光附件

灯具的格栅对于控光同样起着非常重要的作用，其大小、形状、方向、材料、排布间

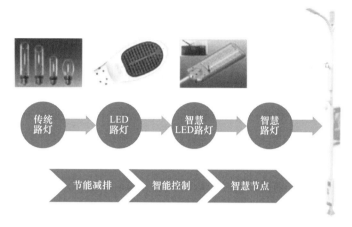

图 2-25　智能路灯示意

距等直接影响着光线的分布和效率，并能起到遮蔽光源和在特定方向上限制眩光的作用。在户外照明中常见于庭院灯、草坪灯。

光学镜片也是照明设计中常用的控光附件，经常和投光灯配合使用，改变出光的形状、色泽，使其达到所要求的照明效果。拉伸镜片一般用来改变光的形状（图 2-26）。另外还有图像滤片可以投射出丰富多彩的图案效果（图 2-27）。

图 2-26　使用拉伸镜片得到椭圆光斑

图 2-27　欧洲一家酒店利用投光灯具和滤镜片

（4）光纤照明系统

光纤照明系统由发生器、导光系统及末端光学组件三大部分组成。发生器包括光源、电源、光学滤片、反射器等几部分，光纤部分一般是由塑料制成，目前光源一般为 LED。光纤照明系统主要用作主题乐园和水下照明。另外，由于光源是放置在发生器内，导光部分的光纤可安全地用在水中或具有潜在电气危险的地方，特别适合用在潮湿、危险、安装和维护普通光源和灯具困难的地方，如城市游泳池或景观水系等。光纤照明系统能调节光色和强度，展示出戏剧化的丰富的光照效果，因此在户外照明中多用在娱乐设施、主题公园和水体的照明。借助于控制装置，可以实现预先程序设计的控制模式。

2.3.3　能源技术

照明电气的发明及普及一方面极大方便了人们的生活，丰富了城市夜间景观，但另一方面也增大了能源消耗甚至能源浪费。为此，各方纷纷呼吁并采取各种措施节能减排。据统计,世界各发达国家照明用电占总发电量的比例已从鼎盛时的 14% 降低到约 12%。目前我国照明用电占总发电量的比例也在相似范围。

光源性能的提升、灯具结构的改进是照明节能一项很重要的途径。此外,太阳能、风能等清洁型再生能源的利用也是当前照明节能、环保的一大热点。大型风能发电系统的建设对空间体量有较高需求,这导致国内目前的风能建设基本都集中在西北一带,不适用于城市乡镇等人口密度大的环境。

太阳能发电及太阳能灯具通常适用于日照资源充足的地区,受纬度、气候等方面的影响。我国地处北纬 20° 至 45° 之间,太阳能资源相对比较丰富。青藏高原地区日照最为充足,而四川盆地、云贵高原部分地区由于受阴雨气候的影响,年日照时间较短,不宜于广泛推广太阳能发电及太阳能灯具。另外太阳能利用还受区块建筑群落形态分布的影响。

照明利用太阳能有两种形式,单个灯具配置太阳能光伏组件(图 2-28)和集中性光伏电站(图 2-29)。前者不需要拉线和安装输供电设备等复杂工作,但是发电量受限,对光源有很大要求。集中型光伏电站适用于大规模供电,对光源类型没有要求。

图 2-28 单个灯具光伏发电路灯

图 2-29 集中性光伏发电站

目前,风光互补灯具在国内的一些一线城市都有所应用。但事实上,这些独立供电的"清洁"能源路灯也具有一定自身局限性,例如小型单位的风能涡轮性能不可靠、主控元件寿命短、太阳能板性能检测困难、自身成本高于产出效益等。所以,相对于清洁能源集中供电方式来说,独立配置清洁能源的灯具在研发上还有很大的完善空间。

相较于常规城市市政道路照明灯具,太阳能路灯有着节能、环保等优点外,也有一些难以规避的缺点。由于太阳能板的蓄电方式依赖白天的光能,所以只有在天气、空气指标等一系列参数都理想的情况下，才能达到最佳的使用状态。一些常年天气不理想的城市或地区不适宜应用，因其负载元件常年在光照不足的天气条件下使用会导致性能损耗过快。而且太阳能路灯灯具散热不良、灯具电流过高、光源导热不良等常见问题都会导致太阳能路灯加速光衰，从而影响正常的市政道路照明。因此，太阳能路灯更适用于人行区域，如小区或公园等空间，不适宜应用于对照明安全需求较高的车行道路。

2.3.4　控制技术

LED与控制技术、通信技术相结合，构建基于有线、无线传输的智能LED控制系统，实现半导体照明调光、调色、动态变换、同步控制、实时监测等功能。仅以城市景观照明为例，从LED单灯开关到当今数万只LED同步演绎，创造了北京奥运会、上海世博会、杭州G20峰会等璀璨夜景，智能控制发挥了极其重要的作用。我国正全面进入"LED智能照明"时代，随着AI技术、5G通信和可见光定位等新技术的引入，LED智能控制系统的发展已满足了照明的基本需求，进入到以应用为导向的光环境服务新阶段。

如图2-30所示从系统架构上，控制系统一般分为中心级系统、区级分控中心、节点段控制三个逻辑层级。利用TCP/IP网络协议可实现实时编辑、实时下发、实时监控；城市景观照明控制系统分为强电控制和弱电控制两大系统；强电控制一般采用配电回路控制，负责灯具分组、场景设置、开关模式等功能；弱电控制一般采用DMX512协议，负责灯具的色彩调节和亮度调节等功能。

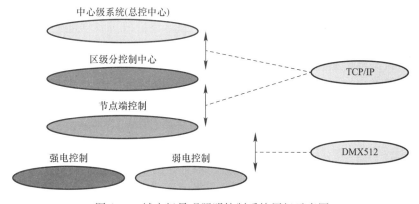

图 2-30　城市级景观照明控制系统层级示意图

窄带物联网被应用于城市照明领域是近几年控制系统通信技术的重大突破。作为替代宽带通信技术更安全、更便捷经济的通信方式，由中国照明学会、国家半导体照明工程研发及产业联盟等作为主编，联合了20余家参编单位组成规范编制组，编制了团体标准《基于窄带物联网（NB-IoT）的道路照明智能控制系统技术规范》，已于2018年5月18日正式实施，该规范首次提出基于NB-IoT的道路照明智能控制系统的架构以及相关技术指标，将窄带通信技术应用到道路照明领域。

2.4　城市照明的发展趋势

北美照明工程学会照明手册（The IESNA LIGHTING HANDBOOK—9th edition）前言

中提到："过去二十年来在照明实践中有从照明工程（illuminating engineering）到照明设计（lighting design）的动向，从照度计算到美学评价的动向，从数量到质量的动向。"

随着半导体照明逐渐成为主流照明产品，其发展正在从技术驱动转变为应用驱动。学科交叉加速，产业前沿延伸，应用领域拓宽，创新应用将成为替代阶段之后的新增长点和长期成长动力，半导体照明进入按需照明和超越照明时代。半导体照明技术与智能硬件、互联网、物联网技术的跨界融合，将推动智慧照明的发展，进而成为智慧家庭、智慧城市、智能社会的重要组成部分，进而实现按需照明。在追求高光效的同时，半导体照明由替代应用向按需照明和超越照明迈进，半导体照明产业将继续朝着智能化、信息化、品质化、标准化方向发展。我国半导体照明产业规模将继续稳步扩大，关键技术与国际先进水平差距明显缩小，核心装备和重要原材料实现国产化；应用领域不断拓宽，创新应用推广的商业模式，产品市场份额逐步扩大，产品品质不断提升，市场环境逐步化；民族品牌逐步树立，产业集中度进一步提升，节能减排效果更加明显，中国逐步实现从半导体照明大国向强国的转变。

总之，未来照明已逐渐成为城市公共领域文化的一个重要组成部分。照明作为公共空间中的一种广泛传播，并且在社会评论领域也有其一定的价值，同时更加广泛地影响夜生活，更为直接地促进经济发展。

城市景观照明最早始于人们的节日庆典活动，多为临时性设施。随着文明程度和技术水平的提高，城市夜间公共生活逐渐兴盛，时间延长，城市景观照明渐渐演变为城市永久性基础设施。

在世界范围内，经过长久的发展，新产品和新技术、新型管理控制手段的不断出现，使城市景观照明日益丰富而多彩，景观照明已经进入了多元化发展的新时期。城市景观照明的核心也已从节日庆典转向发掘"景"的美学与人文价值，创造更舒适宜人的城市环境，景观照明关注的重点在于照明效果的艺术性、市民生活品质的提高、城市本身人文资源的发掘、节约能源和环境保护。

中国传统上缺少城市公共空间的常设照明，户外照明的渊源来自夜市和"灯节"，前者以功能为主，后者以灯为景，近二十年来我国景观照明的大规模发展，也是以"重大庆典"为缘起，关注的是从无到有和节庆气氛，偏于戏剧化的视觉效果。这种状况加上传统习俗的影响，使得我国城市景观照明往往倾向于用照明设备来形成景观，而非表现城市自然人文资源的价值，同时也偏向用节日要求去处理永久性设施，造成过度投入和浪费。因此，格外需要科学的城市照明专项规划加以协调和控制。

2008 年至 2015 年，LED 技术逐渐成熟，以 G20 杭州峰会为标志，中国城市景观照明达到新高峰。其中文旅经济、民生需求、重大活动是推动景观照明发展的三大因素。

2019 年中央发布通知整治"政绩工程"，引导城市照明工程往高质量、理性阶段发展。目前国内的照明建设初衷已发生了巨大转变，以关注人的行为活动为出发点，以提升城市活力、控制光污染来制定合理的设计目标。通过量化评估和灯具检测来保障项目实现，重点项目已建立了一套科学的工作流程和效果控制标准。行业内也开发了更加直观的辅助设计软件，模拟照明效果，帮助业主等非专业人士也可以科学管控，把握实施效果。

第3章　城市规划与城市照明规划的发展评述

3.1　城市规划与城市设计的发展状况

城市照明专项规划是城市规划的重要组成部分，属于我国城乡规划体系的一部分，要提出科学合理的城市照明专项规划方法，系统地回顾城市规划理论的发展是很有必要的。而城市设计作为城市规划中，有关城市体形和空间环境方面的整体构思和安排，贯穿于城市规划的全过程起到了具体指导规划管理的作用，也应进行梳理。

3.2　城市规划的理论与实践发展评述

中国近现代城市规划的发展基本上是西方近现代城市规划不断引进和运用的过程。因此，回顾西方城市规划的发展，对于理解我国城市规划有着重要作用。

公元 1500 年以前，绝大多数城市没有被真正规划过。它们在需要城市的地方开始发展，由市民们自己直接建设而形成。城市本身并不是目标，而是由于使用而形成的一种工具。由于发展缓慢，可以不断调节并使物质环境适应于城市的功能，此时形成的城市往往具有亲切宜人的尺度和参差多态的城市生活，和后期人工规划形成的城市形成鲜明对比（图 3-1）。

图 3-1　意大利南部阿普利亚的马丁纳弗兰卡城

文艺复兴时期开始，城市规划的基础转向对空间效果和建筑本身的关注，出现了以图案化的平面形式为特征的理想城市（Ideal City），其典型案例为索卡莫齐（Socamozzi）建于 1593 年的帕尔马诺瓦（Palmanova），该市中心广场为构图达 3 万平方米，此规划出于视觉形式方面的要求，更像是绘图板上的一件有趣的图案设计作品（图 3-2）。16 世纪罗马改造中，巴洛克古典主义法则大为盛行，形成视觉廊道的概念，如罗马的波波罗广场，被设计为放射型街道的视觉焦点（图 3-3）。到 1697 年，在唯理主义思潮和绝对君权的政治气氛影响下，巴黎规划的城市轴线与放射性广场，在 200 年的发展后，规划在空间形态方面的形式主义追求达到了高峰。

图 3-2　帕尔马诺瓦城平面

图 3-3　罗马波波罗广场

　　19 世纪产业革命，城市居住环境的恶化导致了一系列城市问题，出现各种具有功能主义倾向的城市空间营造和规划的新理论、新思想。理性主义方法核心是提高功能效率的功能主义原则。其代表文献《雅典宪章》（1933 年）——反映了现代建筑运动对现代城市规划发展的基本认识和思想观点。《雅典宪章》依据理性主义的思想方法，对城市中普遍存在的问题进行了全面分析，提出了城市规划应当处理好居住、工作、游憩和交通的功能关系，并把该宪章称为"现代城市规划的大纲"（表 3-1）。

西方城市规划发展列表　　　　　　　　　　　　　　　　　　表 3-1

古典时期	古希腊	"希波丹姆模式"以城市广场为中心	欧洲古代社会典型格局
	古罗马	十字形街道＋广场群	
中世纪	自发生长	城市生活设施围绕公共广场＋狭小不规则路网	
文艺复兴	古典风格	构图严谨	
17 世纪	绝对君权	轴线放射街道＋公共广场	

工业化革命 城市人口迅增 住房设施严重缺乏 传染疾病	←　历史背景　基础 18 ～ 19 世纪中叶	思想基础——空想主义 法律实践——英国关于城市卫生和工人住房立法 行政实践——法巴黎改建 技术实践——城市美化 实践基础——公司城建设

霍华德	田园城市理论	现代城市规划早期思想
勒·柯布希埃	城市集中主义"明天城市""光辉城市"	
索利亚·玛塔	带形城市	
戈涅	工业城市"功能分区"	
西谛	人的尺度，环境尺度与人的活动	
格迪斯	城市向郊外发展	

1960 年代	系统规划理论＋理性过程规划理论＋政治过程	二战后
1970～1990 年代	新右派规划理论	

功能主义规划方法具有机械物质决定论的基础，忽视了建筑与公共空间中的心理与社会因素，不考虑活动、交往、聚会的需要，完全着眼于功利和物质。二战后一些在此原则下规划的新城，如巴西利亚等室外空间设计机械而冷漠，割裂了人与人之间的联系，否定了空间的连续性和流动性，牺牲了城市的有机构成，造成城市缺乏活力、没有人情味，被戈登·库伦称为"荒漠规划"。

1977 年提出的马丘比丘宪章是对雅典宪章的批判继承，认为人的相互作用与交往是城市存在的基础，认为规划必须对人的要求做出解释与反应，强调环境的"连续性""相互依赖性和关联性"，并提出规划是动态过程，用户参与设计过程等重要理念。1970~1990 年代的新右派规划理论提出了社会民主，古典自由主义复苏，提出以问题为核心的规划理论。经过了自由生长、形式主义、功能主义、动态综合等几个发展阶段后，规划一般被定义为谋划和筹划，是运用科学、技术以及其他系统性知识，为决策提供待选方案，同时也是对多种选择进行考虑并达成一致意见的过程（Steinits，1999）。规划连接知识与实践，不仅提供发展蓝图，也提供为达到目标所涉及的制度与措施，是对未来发展的控制与安排（图 3-4）。

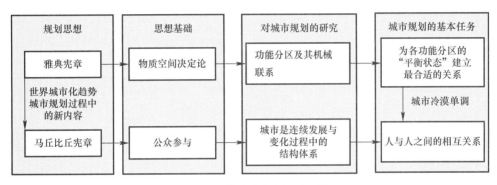

图 3-4 西方城市规划理论列表

城市设计理论的发展是社会实践的过程，是 20 世纪 50 年代末 60 年代初逐步兴起的。本节研究的重点是城市规划，在其中是否需要引入城市设计，这就需要对城市设计与城市规划的关系及区别进行分析。关于城市设计和城市规划的关系一般分为以下几种看法（图 3-5）：

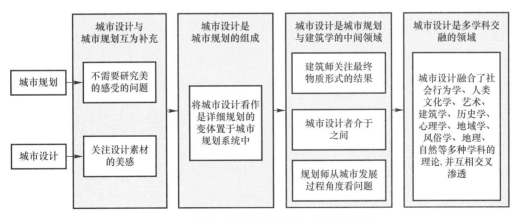

图 3-5 城市规划与城市设计关系的几种看法

按照现行国家标准《城市规划基本术语标准》GB/T 50280 中城市设计（Urban design）定义是："对城市体型和空间环境所做的整体构思和安排，贯穿于城市规划的全过程"。

城市设计大体上可以分为两个阶段，即：城市艺术设计阶段（civic design）和城市设计阶段（urban design）。城市艺术设计阶段源于美国"城市美化运动"，二次大战后，城市设计从单纯城市美化走向城市功能与市民生活。

城市设计的范畴，可以从两个方面来理解，一是从城市空间范畴，二是从城市设计范畴。其中城市设计的宏观尺度提出，总体城市设计包括对全城建筑风格、色彩、高度、夜间照明以及环境小品等城市物质空间环境要素提出整体控制要求。中观城市设计是对重点片区的城市设计。微观城市设计是对重点地段的城市设计，设计的对象是人们集中停留和活动的场所。

城市设计的理论有些融合在城市规划理论中，包括田园城市理论，柯布西耶的城市设计理论，沙里宁的"有机分散"理论，林奇的"城市意象"理论。城市设计应遵循以下三项原则：以人为本的原则，整体环境设计原则，可持续发展原则。这些理论和原则在一定程度上也对照明规划和设计产生了影响。

城市设计作为城市规划中，有关城市体形和空间环境方面的整体构思和安排，贯穿于城市规划的全过程起到了具体指导规划管理的作用，也应进行梳理。

城市设计是以改善人们的生存环境、提升城市照明的整体品质为目的，它不仅关注体形环境方面的视觉审美感受，更注重环境品质和社会、经济等各方面的要求。正是因为这种全面的、整体的考虑，使城市设计成为能够参与城市管理和政策制定的载体，从而更好地为后继的各项设计提供原则和指导，成为城市照明形成过程中控制内容的重要组成部分。

如前所述，城市规划管理无法从传统的控制性详细规划中获得景观和空间环境塑造方面的依据，而城市设计作为对控制性详细规划的补充和深化，起到了具体指导规划管理的作用。所以城市设计的成果除条文式的定性描述外，还应当以空间注记与节点图像的形式，对城市中各种不同的场所给人们的体验和感受予以标注，并对能形成场所感氛围的有关尺度、界面、体量和建筑材料、色彩、质地、铺装方式、绿化效果、小品等方面做出规定和引导。这样，规划管理人员在涉及具体建设项目的审批时，就可以提出比较具体的设计要求，而不仅仅是一些类似"色彩淡雅、简洁大方"等空泛的要求。

在规划的管理过程中，时常要涉及城市决策者和广大市民的参与问题。而城市设计的成果，具有对城市的立面与剖面、对城市的轮廓线、有关视点及视线的景观分析资料，形成了比较直观的城市风貌特色和个性化的艺术形象。这样就使城市决策层、规划管理者、具体建设项目的设计人员、建设人员及广大市民，可以更全面地理解和领悟规划与设计的意图，使建设工程更容易从景观形成的角度得到有效的控制和监督管理。城市更新，是指对中心城区建成区内城市空间形态和功能进行整治、改善、优化，从而实现房屋使用、市政设施、公建配套等全面完善，产业结构、环境品质、文化传承等全面提升的建设活动。现阶段，我国城市发展大规模增量建设趋缓，存量提质改造、城市更新行动已上升为国家战略，是推动高质量发展的重大决策部署。城市更新的方式可分为再开发（redevelopment）、整治改善（rehabilitation）及保护（conservation）三种。

3.3 国外城市照明规划的发展状况

随着世界各国对城市照明的日益关注，城市照明规划与设计的专业化发展日趋成熟。在国外，已经有许多城市开展了城市照明专项规划、区域性规划或策略制定等方面的工作。到 20 世纪 90 年代，受到里昂照明规划和灯光节大获成功的影响，法国已经有超过 250 个城市编制了照明规划。其他城市，如莫斯科、伊斯坦布尔、横滨、汉城等也成功地编制了照明规划；进入 21 世纪后，澳大利亚的墨尔本、美国的丹佛、盐湖城、圣泽西等城市更进一步制定了城市照明的具体发展对策或实施规范、导则以指导其城市照明建设。国外城市照明规划大致可分三类，分别以能源安全、景观美学和实施保障为核心。

3.3.1 以能源安全为核心的照明规划

与规划发展史上的功能主义阶段对应，某些城市的照明规划重点在于能源与安全，几乎不涉及美学方面的考虑。城市照明专项规划主要关注对象是道路、停车场和公园，并分类提出照明要求。规划极为重视可实施性，并有完善的审查制度支撑。这种方法以北美为代表，其优点是易于操作，缺点是对城市夜间的整体视觉环境缺少组织，难以形成鲜明的城市意象。

（1）分区定位——美国丹佛（图 3-6）

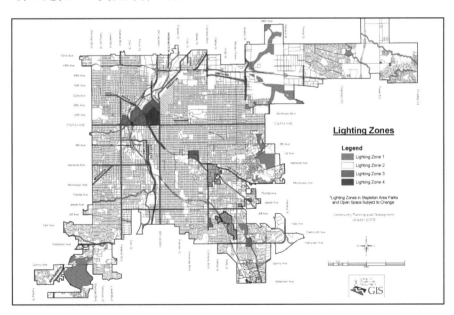

图 3-6　丹佛城市照明区划图

丹佛于 2003 年制定户外照明规范（Rules and Regulations for Outdoor Lighting，Draft 7，November 24，2003），其核心内容包括照明区划、项目定位、分区设计规范和审查流程。照明区划是以 IESNA 所提出的环境区划法为基础，将城区分为黑暗、低环境亮度、中环境亮度与高环境亮度四种区域，每一区域有其照明设计规范。项目定位取决于它所在街道或相邻街道在照明区划图中规定的类型。对于具有多个街道立面的地块，其照明定位取决于其面向的最主要的街道分区类型。分区设计规范由规范条件、执行标准与导则两部分组成。通过在规范条件中限定灯具的类型、安装高度、光照等级与亮度、设定光干扰等级最大值，以及要求在商店关闭之后减少光照等方式来控制眩光、临近干扰、节能等方面的要求。执行标准与导则为区域照明设计的安全性、可持续性与协调性提供了补充规定。照明审查是场地设计、区域规划、景观规划审查过程的一部分，规范对照明设计的控制作用体现在审查流程中，对必须提交的内容作了详尽要求，包括项目的分区定级、照明设备的布置、控制、相应照明计算等。

（2）工程组织与维护——美国盐湖城

盐湖城是美国历史上第5个采用电光源道路照明系统的城市，已经形成了比较完整的公共交通照明体系。盐湖城照明规划重点在于城市的公共交通（街道、停车场等）和开放空间（公园、广场等）的照明体系，主要强调照明质量和城市环境的安全，目的是为夜晚出游的市民提供安全和安保的照明。盐湖城照明规划的主要内容包括：路灯的设定、对截光型灯具的强调、照明工程建设的资金来源和造价状况、照明的技术因素（环境亮度、灯具类型）、公园和开放空间照明、强调照明对犯罪防范的作用、灯具类型和灯杆类型、照明工程的维护等。

（3）设计规范——圣泽西和加利福尼亚州

圣泽西的照明规划内容主要为城市中心区街道和步道的照明。照明规划依据是已经完成的街道景观体系规划和街道交通信号标志规划，同时结合了对城市街道照明现状（照明质量、数量、照明设施）的详细调查和分析，照明规划目的是为城市未来的发展和建设提供一个连续的街道照明实施步骤，改善中心区域照明环境的安全性，增加中心区夜晚的吸引力。主要内容有：给出街道照明水平、光色要求、光源的选择、照明灯具（含灯杆）的选择、强调道路照明对夜天空的保护（如天文观测站点周围的夜空保护）、照明设施的维护。

另外，美国加利福尼亚州还制定了州域范围内的照明能耗推荐值（草案），如表3-2所示。

美国加利福尼亚州照明能耗推荐值　　　　　　　　　　　　　　　表3-2

照明应用范围	LZ1	LZ2	LZ3	LZ4
停车用地	0.43W/m²	0.65W/m²	0.86W/m²	2.16W/m²
建筑周边环境	3.25W/m²	3.79W/m²	4.33W/m²	16.23W/m²
建筑立面	不允许	1.95W/m²	3.79W/m²	5.41W/m²
建筑入口	5.41W/m²	5.41W/m²	10.82W/m²	16.23W/m²
与交通相关的商业	不允许	2.71W/m²	5.41W/m²	10.82W/m²
销售汽车和其他户外商业（临街）	不允许	57.58W/m²	115.15W/m²	230.3W/m²
其他室外商业	不允许	2.71W/m²	5.41W/m²	10.82W/m²
内发光标识	每个20W	43.28W/m²	64.92W/m²	86.56W/m²
外投光标识	每个20W	10.82W/m²	21.64W/m²	43.28W/m²
景观照明	2.69W/m²	5.38W/m²	10.76W/m²	21.52W/m²
快速路	0.39W/m²	0.39W/m²	0.85W/m²	0.58W/m²

照明应用范围	LZ1	LZ2	LZ3	LZ4
主干路	0.39W/m²	0.75W/m²	0.91W/m²	1.11W/m²
集散道路	0.39W/m²	0.72W/m²	0.8W/m²	0.83W/m²
区域道路	0.39W/m²	0.39W/m²	0.5W/m²	0.9W/m²
高速公路 A	不允许	0.47W/m²	0.47W/m²	0.47W/m²
高速公路 B	不允许	0.61W/m²	0.61W/m²	0.61W/m²

3.3.2 以景观美学为核心的照明规划

（1）光色与空间划分——俄罗斯莫斯科

莫斯科是一个历史悠久的城市，1993 年根据莫斯科城市政府的决定，莫斯科建筑委员会制定了《首都夜景照明总体规划》，其任务是展示城市的特色与形象。实现办法是提出建筑照明技术与综合参数组成的系统，该系统建立在城市复杂活动的基础上，并考虑每一建筑群的特点。在 1997 年城市 850 周年庆典时，建筑照明工程大部分内容都已经施工完成。

该规划目的是为了在城市不同区域中的照明工程提供概念性建议，以确保城市具有明晰而完整的夜间形象。其中，光色被认为是最重要的情绪与心理影响因素，照明规划利用光色作为达成视觉统一和照明空间转换的主要手段，完成了夜间城市空间意向的塑造，在城市各尺度与层面的照明概念中均考虑了适宜的光色方案。

莫斯科城市结构肌理是由放射性环路交通干道系统与城市中心的公共步行区域组成的交通体系，以 Sadovoje 环路为分界划分了老城区与新城区。老城区历史建筑居多，包括以步行交通为主的城市历史文物保护区；而新城区则以现代主义的建筑居多，以 Moskva 河与 Yauza 河及其堤岸、桥梁为核心的城市特色景观元素为主，包括城市公园、林荫道及散布在城市各处的花园绿地。

照明总体规划要解决的最重要的任务是：在新老城区间创造平稳而意味深长的“对话”。

在城市整体空间划分上，照明规划根据莫斯科建筑所处的不同功能区域制定可能的照明光色范围，给出建筑色彩与照明光色最优的搭配组合方案。历史性建筑为老城区的照明着重体现建筑自身的色彩，规划建议优先采用传统照明方式，如泛光照明，限制使用气体放电灯的广告照明；而现代建筑为主的新城区，则建议利用光源的色彩来打破单调的局面，优先采用现代照明方式，如动态色彩照明，自发光图形与广告照明来装饰单调的建筑立面，限制使用泛光照明方式。

Sadovoje 环路的照明是利用各种光色的综合使用对新老城区起到联系与分割的作用。道路照明采用高压钠灯光源，在局部变化色彩形成照明的重点，在十字路口处用高杆灯提高照度，周边建筑的立面、大型广告牌的照明、商店橱窗及建筑细节运用彩色光照明等。

以步行交通为主的城市历史文物保护区，要考虑步行者的视觉领域与观察特征，以保持白天建筑空间完整性，光源选择白光金卤灯与黄光高压钠灯，照亮教堂建筑群白色石材主体墙面配以暖黄光塑造的金色拱券，形成了古建筑轻快而动人的形象。

夜间城市轮廓的确立是对整个城市全景性的视觉建构，规划对于莫斯科地标性建筑，如摩天楼、电视塔、教堂及修道院、钟塔等照明方案提出了一定的要求。规划建议摩天楼建筑顶部采用金黄色的高压钠灯来强调他们风格上的统一；而修道院位于旧城南侧边界，古时曾作为防御建筑，同时它也是提供精神庇护的场所，根据这双重功能，确定了"莫斯科之盾"的照明主题，并通过光色的语言进行表述。城市绿地景观及河道照明采用冷白色汞灯与金卤灯结合，配以少量黄光钠灯形成局部对比的方法。

此外，照明总体规划中列出了城市各类道路、广场、绿地、建筑物照明方式，推荐照明光色、色温范围以及照明时段，为进一步的照明设计提供了依据。

（2）法国里昂

法国里昂在历史上是以纺织业闻名于世的城市，进入 20 世纪 80 年代后，其产业衰落，城市地位不断下降。从 1989 年起，里昂市长密歇尔努洼做出政策性决断，每年投入市政预算的 1.5%建设城市景观照明，提升里昂市作为观光城市的形象，拉动城市复兴（图 3-7）。

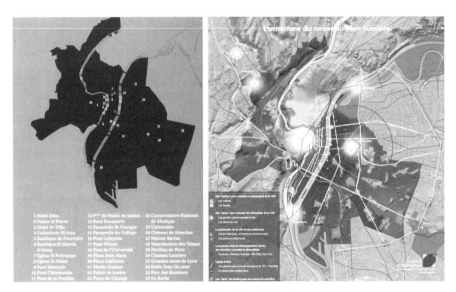

图 3-7　里昂城市照明规划

第一期照明规划年限为 1989～2004 年，其基本概念为：

1）强调自然架构：重点表现穿过里昂市区的索恩河与隆河和两座山，确立里昂市城市照明的基本主题，表现城市架构。

2）凸显历史文化遗址（或物）：夜景照明夜景规划的重点是历史文化遗址（或物）的照明。规划根据调研资料，对历史文化遗址进行分类排序，从里昂的地标性遗址开始重点规划，赋予名胜场所、纪念物、广场、桥梁、历史建筑物等更多的价值进行排序。

3）兼顾功能与审美：在完善和加强城市道路的功能照明，提高行人和汽车司机辨识环境能力的同时，里昂高度重视景观装饰照明，主要是指建筑立面的照明。里昂市技术部部长 Michel Bouit 认为，对旅游景点来说，景观照明重要性高于功能照明，为此，里昂市通过竞赛招标确定照明设施形式，实施国际标准的形象设计，提高城市照明设备在功能和审美方面的统一。

4）城市经营：从 2001 年起，配合景观照明规划，里昂市灯光节（始于 1852 年，每年 12 月 8 日纪念圣女玛利亚的传统灯光庆典活动）正式成为里昂城市推广活动和城市照明展示的一个重要内容，节日期间吸引了世界各地数百万游客。景观照明与旅游产业的紧密结合，使里昂从一个衰落的纺织工业城市变为知名的旅游城市，获得极佳的经济与社会效益。舆论调查结果，里昂市景观照明得到了98％的市民认可。

从2005年起，里昂出台新照明规划，提出三个主题：城市形象和创新、技术更新和生态照明，城市照明规划的充实完善。新规划将重点放在河流、山脉、城市轮廓和主要交通动脉、城市出入口等构成城市形象的主要元素上；在社区照明方面，新规划以居民活动的亲身感受为出发点提出一系列建设设施，如使用控制技术获得场景变换的灵活性，适应城市夜间生活和社区活动的现实需要；新规划极为重视技术和设计的创新，鼓励更多的艺术家参与照明设计，鼓励实验性的设计；可持续发展方面的考虑包括照明设施的材料回收、节约能源、防止光污染等。里昂设有专门的部门研究生态型照明的可持续发展策略，所有的照明方案必须计算成本和维护费用，鼓励更换低能耗光源，对广告实施监控和管理，控制溢散光，回收所有使用过的灯具，采用无汞无铅光源等；新规划还制定了详细周密的城市照明实施计划。

里昂的城市照明管理有明确的专职机构——城市照明局，由它组织编制总体规划，组织照明设计师参与并执行夜间照明规划，并对开发性的基准和街道设施物的形象作业进行监督控制。

在经费负担及奖励措施方面，公共建筑与空间由市政府承担照明设施及维护管理的经费，私有建筑物由市政府补助业主维护管理费用和电力费用，其他所需费用来自于旅游业税收。

（3）土耳其伊斯坦布尔

伊斯坦布尔跨越两大陆，人口密度高，是古老的水边城市，具有丰富的文化遗产。该市于2001年提出城市照明总体规划，规划认为，室外照明的目的有两个方面：一是促进机动车、步行路的交通使用，提高环境安全性，保证室外活动的可能性；二是提供或提高重要建筑、纪念物、重要流通区域（广场、公园）、特殊重要场所的可见性和强调居住区的吸引力。

因此，夜间城市应提供人工照明的区域分为两类：

1）交通性区域（重要道路、停车场、隧道、桥梁、通道等），其照明主要强调技术性，艺术性、建筑性、美学价值相对不重要。交通性场所照明规划原则是：保证交通活动具有最短的时间与最大的安全性。

2）开放空间（开放空间内部道路、文化、历史、艺术等纪念性场所），照明规划原则：安全适宜、强调相关物体、提高可见性、吸引力与美学价值；赋予场所以特定的属性。

伊斯坦布尔照明总体规划的步骤分为三步：

1）区域调查研究：从照明专业的角度对区域进行分类与核查，历史区域、艺术文化娱乐区域、运动场所、工业区域、商业展览区域、居住区域、公园绿化区域等。

2）决定区域照明主题及照明优先级：建筑时代和历史价值、建筑功能、建筑的使用者密度、便捷的可达性、对城市轮廓线的影响、法律地位（状况）。

3）根据照明主题决定照明标准：依照上述的影响元素制定技术性照明原则及标准，如照明光色、光照水平、亮度、显色性、重要性等。

对于具有特殊重要性的区域，如历史建筑密集、呈现当地文化和遗产的博斯普鲁斯海峡，照明规划师们进行了实验性研究。一组志愿者参与了规划前后的对比评估工作。通过分析提出反馈意见，采用相关性研究方法，得到了最影响照明项目优劣评价的变量。基本目标是制定一个能将夜间景观与当地居民的生活很好地融合的照明规划，并获得载体景观照明与地方历史特色之间的平衡。

（4）景观架构——德国爱森琳根和日本大阪

爱森琳根位于内卡河畔，历史悠久，已被联合国教科文组织列入世界物质文化遗产名录，其内城照明规划是由 SBA 事务所与马克林教授（Prof. Antero Markelin）合作完成的。照明规划的出发点是，轮廓鲜明地突出城市的自然景色和历史建筑，由此确定照明载体的重要性等级和表现秩序：城堡作为城市的标志，市中心由市场广场和市政广场组成，环路为内城的边界，其他重要的河道网和公园，还有标志性的历史建筑物。值得一提的是该规划对城市街道划分类型的角度：市中心的街道分为中世纪街道（1A 型）、巴洛克街道（1B 型）、19 世纪街道（1C 型）和 20 世纪的环城道路（1D 型）四种类型。这些位于市中心的街道有比周围中世纪居住街道和其他街道（2A，2B 型）和 19 世纪的居住区和混合区（3A，3B 型）更强的灯光照明。另外，广场（4 型），城市入口（5 型），内卡河网河桥（6型），梅勒公园（7 型），城堡和城塔（8 型）是城市中突出照明的地方。此照明规划的范围较小，总体上从视觉控制着手，对夜间景观架构描绘清晰，实现手段具体化，具有城市设计的性质（图 3-8）。

图 3-8　爱森琳根城市照明规划

大阪照明规划以大阪港区为主要内容，基本规划目标为将夜晚的大阪变得更有吸引力，环境气氛更加和谐美好，增加大都市的活力。

该规划中重点强调了对大阪港区的规划分析和研究，通过对大阪港区这个近期发展起来的区域现状的实地调查分析，明确了以体现清晰城市框架为规划的主要内容。规划过程中参照了日本国内和国外的一些成功的实例，确定出大阪港区景观照明建设的轮廓和骨架，为今后在大阪实施实际的景观照明工程提供了指南（图 3-9）。

图 3-9　大阪港区照明现状

（5）区域识别性——英国利物浦天堂街开发区

2002 年，由英国皇家艺术学院与 Hhelen Hamlyn 研究中心合作，提出通过照明复兴城市的策略，建议通过"照明市场运作""照明艺术活动""照明景观"三个层面，来引起社会对城市照明的关注，并改善环境，突出城市区域的可辨识性，英国利物浦天堂街开发区的照明规划是一个典型案例。

利物浦市位于英格兰东北部，是英国第二大出口口岸。在19世纪，全球贸易的40％都在利物浦进行。艾伯特码头（Albert Dock）于2004年被联合国教科文组织列为文化遗产。2008年，该市和挪威的港口城镇斯塔万格一起被授予欧洲文化首都的称号。为了庆祝这一殊荣，"天堂工程"提上日程——一个大型的、以商业为主导的多功能开发项目，该区域内的各个分区在规模上各具特色，功能也各不相同。建筑设计联合事务所（Building Design Partnership）为整个区域制定照明总体规划（图3-10）。

图3-10 利物浦天堂街开发区城市照明规划

照明规划应顾及城市架构的全局，不能片面地考虑那些单独的地块和街道。因此，首先应考虑新开发区域与周边环境现有照明方案和谐统一，考虑利物浦市议会制定的城市照明策略。尤其是那些距离新区非常近，又已经包含在城市照明策略中的建筑。只有对建筑载体功能以及相邻的主要道路充分了解后，方可制定色彩、动态以及静态照明方案。

规划目标是通过有控制的对比、达到吸引人的视觉效果。设计过程首先确认可以引发兴趣的特殊点，比如远景的尽端、代表性建筑、节点等，然后进行相应的设计。这些关键要素的设计对人们的活动有很大影响，要么能够将人流引至不同的功能区，要么能够使人们产生联想，将毫无关联的空间联系起来。照明策略基本上可分为两类：基础照明和特色照明。"基础照明"即功能性照明，即在天黑时将公共区域照亮，此类照明需和周边建筑融为一体；"特色照明"为建筑美化照明，它不需要提供功能性照明，但它能够给城市环境带来更好的视觉效果和质量，其设计重点要放在照明效果而非灯具上，这是一个基本规则。对工程中所有的照明构件而言，能效和维护是两个关键性的因素。

照明规划包含的内容为：在区域内的街道上运用不同的光色创造层次感。不同的光色在视觉上将主次干道区分开，并将市域内的主要道路联系起来。对于新区周边的机动车道，使用高色温金卤光源提供照明，而步行区一般选用小型的、更接近人的尺寸、更符合项目和景观区域特色的照明设备，以便满足步道照明的要求。灯具选用陶瓷金卤光源。这种方法能够确保空间层次的重点放在穿过各新步行区的商业性道路和休闲路上，光色用来区分不同的分区。由于每个景观区域的特色和空间功能各不相同，所选用的照明设备的外观和设计的照明效果也各自不同。

BDP的照明总体规划确定了功能分区和节点，并制定区域划分的原则和策略。策略之一是将照明应用于选定的建筑立面、轮廓和建筑构件（多为具有美学或历史文化价值的建筑立面，住宅区并不需要额外的立面照明，以免溢散光影响生活），以便在街道的垂直界面上创造出特殊的视觉效果，达到突出建筑夜间景观效果的目的。

立面照明时，采用彩色光照明的立面不能互相冲突，规划选择了一组搭配协调的颜色对相邻地块进行照明，由北向南看去，建筑物的立面是被一组从粉红、红、橙到黄的暖色光所照亮。另一个主要策略是运用建筑物内部照明营造出宜人的氛围，以吸引开发区游客的注意力。规划还采用"光环式设计"（一种椭圆形、同步发光的照明手段），将几栋建筑的上部连接起来，形成了特征突出又和谐一致的主题和视觉效果，在重大节日，这个特征照明可以改变颜色。所有景观照明灯具都由光感应器和时间切换器控制，能够预设启闭时间，以尽量减小照明对环境的不利影响，按需要提供不同场景。

3.3.3 以实施保障为核心的照明规划

（1）新加坡

新加坡城市照明规划（路易斯·克莱尔，1988）主要关注市民中心区，核心内容分为三部分：中心区现状、中心区照明规划、照明规划的实施（图3-11）。

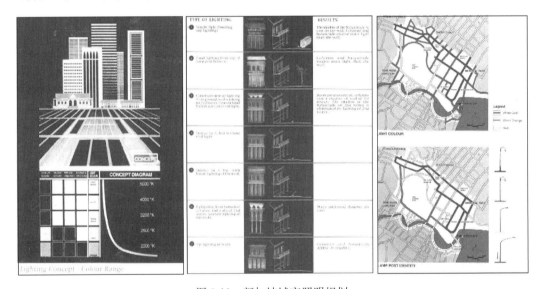

图3-11 新加坡城市照明规划

现状分析将中心区分为四个区域：主开放空间、文化区、娱乐区、商业区。并提出现状优势（为照明提供了理想的装置，考虑经济性和效率性，强调美学和高品质照明）和不足（重点区域在夜间没有得到足够的提升，照明设备更多地注重功能，注重美学不够，缺少特定的步道照明）。

在此基础上，提出照明规划目标如下：

1）发展市民中心区作为城市重要文化区，连接 Orchard 路和 Marina 城区；

2）发展地域内具有个性化的历史性建筑资源；

3）强调为国家庆典提供场所的功能；

4）增强市民中心区在夜间的特征体现；

5）美化步行街，吸引行人；

6）对于突出的建筑物进行照明；

7）加强绿色植被、公园照明；

8）新加坡市民中心区的规划概念主要体现在光色的控制上；

9）现代、高层、活力、高速——光色冷白色和强烈的白色；

10）传统、历史、底层——光色暖白和橙色；

11）绿地——冷白光渲染自然气氛；

12）眩光——控制眩光；

13）光色和亮度——光色的选择要与建筑性质及其位置相关（如历史建筑用黄光，纪念碑用蓝光）；

14）色彩再现性——尤其绿色植被的照明要尽量使用自然色；

15）照明均匀度——道路照明要保持均匀以确保安全，公园则可以有不同的均匀度；

16）灵活性——灯杆可挂一些旗帜、标语等。

照明规划具体内容以建筑和构筑物、街路、步道、公园和开放空间为主要对象，力图通过对上述要素的限定达到一系列的城市发展目标，如：改善整个城市区域的统一形象，改善或加强局部特色区域的特殊功能，加强城市中主要景观要素的地位和作用，改善区域中各类照明要素的作用。除了总体的控制和说明之外，本规划还对城市照明中的具体技术要素作了相应的分析。

在照明规划的实施方面，首先注重处理私人和公共投资的关系，明确照明规划包括公共和私人两部分，由政府领导促进实施。公共照明包括道路、步行道、政府建筑照明，由公共事业部（Public Works Department）实施，由公共设施部（Public Utilities Board）维护，私人建筑的照明给私人业主提供导则性的手册，通过建筑方面的设计小组（Architectural Design Panel）机制提供方案或监督审核，通过导则和调研，ADP 协助私人业主设计想要的建筑照明效果。

为保障规划实施，规划还提出了具体的分期建设策略。阶段一为庆典路线，重点执行沿庆典路线的照明规划方案，包括 For Canning 公园和新加坡河，以及沿庆典路线的重要建筑。阶段二为文化遗产系列，包括文化遗产系列和历史古迹的联系路线，如通向新加坡河的路线，以及上述路线两侧的建筑照明、新加坡艺术中心等。第三阶段为中心区内与重要的基础建设和开放空间有关的其他区域的照明。

（2）韩国首尔（汉城）

韩国首尔（汉城）于 2002 年提出城市景观照明规划，希望能够根据长期、系统的方法和战略建设管理汉城市夜间景观。与此同时，希望能够为汉城夜间景观的最终形成提出高效的管理运营方案。该规划明确提出城市景观照明的四个目标：

1）安全（Safety）——都市景观照明能够为步行和疏通提供安全环境，避开分散在黑暗空间的伤害要素和障碍物。

2）美观（Beauty）——景观照明能够增进市民的审美要求，并能为建设美丽的都市景观做出贡献。

3）个性（Identity）——夜间照明能够创造都市独有的个性景观，从而使都市主体风貌能被轻易地记忆与理解。

4）经济（Economy）——景观照明能够增进夜间景观活性化，夜间景观的增多必然能够带来都市整体经济收入提高。

对夜间景观提出了建设方向：

1）统一性（Unity）——促使形成具有统一感觉的夜间景观。并不是色彩越多越好，而应该赋予都市景观能够作为一个整体被读懂的统一秩序。

2）多样性（Variety）——高效配置照明资源。并不是越亮越好，而应该是将明亮之处作为黑暗存在的方式体现出来，同时在都市整体的秩序中凸现各区域的个性。

3）识别性（Legibility）——应该将都市骨架和秩序建设成为都市本身能被简易识别的程度。都市照明应该以体现都市的主要建筑架构（建筑物、建筑物以天空为背景的轮廓线、桥梁、道路、山、江等）的方式来强调都市区位界面的形象。

该规划由两个层次组成：首先是体现城市的骨架，属于在城市整体资源中对重点照明对象实施照明的阶段；其次是提出各地区城市照明建设的方向性并对照明建设加以指导的阶段。前者被称为"夜间景观总体规划"，建设主题或者促进方向能够直接向首尔市民公布，并付诸实施；后者被称为"夜间景观分区规划"，尽可能由自治区或者民间付诸实施，由其支援并促进事业发展。

其规划过程主要从城市具体照明要素（建筑、景观、街路）的角度出发，并且在对城市景观照明现状分析的基础上（通过实地调查、比较和问卷分析），确定出城市景观照明的总体结构，然后针对城区的每个部分提出照明的意象设计和相应标准（图 3-12）。

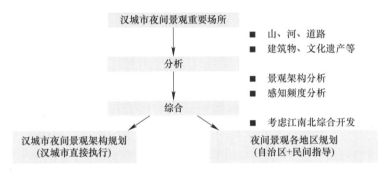

图 3-12　汉城景观照明规划过程

选定照明对象所作的分析主要分为两个方面：首先，站在观看的角度，选择了物质景观场所中重要的，或者易于发现的场所形成景观架构。物质景观可分为自然景观的山、河、地泉、道路和桥梁、文化遗产、公园、高层建筑物。景观架构场所分为看的对象（眺望地点）和被看的对象（眺望对象）。一个场所（例如，山或者建筑物）可同时成为眺望地点和眺望对象，而且眺望地点可以分为站在固定的地点上观看——静止的眺望点（例如，山顶、高地公园等）与站在变化的地点上观看——运动的眺望点两种情况。其次，站在感受场所的游客的角度，调查人们夜间主要在什么地方活动，即景观资源中有多少能被人们所感知，以及感知频度和场所利用频度怎样等，提取选择相应场所。照明对象感知频度被视为人们从事许多夜间活动的标准。通过观察，市民的重点夜间活动区域主要包含五类：

1）夜间交通量较大的道路，夜间活动的主轴；

2）商业贸易设施密集的地方；

3）公演场及电影院等文化设施密集的地方；

4）大学及研究机关密集的区域；

5）食品店及旅馆等住宿场所密集的区域。

综合选定照明对象架构时，在图纸上对景观架构和感知频度进行反复分析，标记出重复的架构和区域，并考虑"汉江南北均衡开发"策略，尽可能在江北多选择照明对象，整理得出综合架构图。然后对架构所包含重点区域提出规划要点，主要包含照明主题、照明光色、照度等（图3-13）。

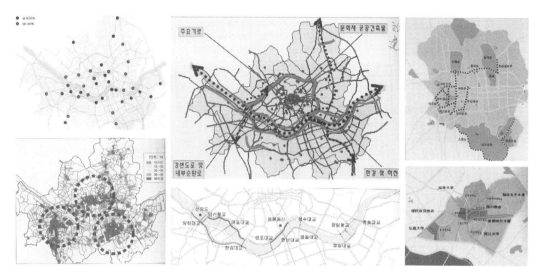

图 3-13 汉城景观照明规划

汉城景观照明规划还十分重视规划的实施保障，从实施规模及经费预算对提高夜间景观的法律制度的检查与整顿提案、宣传规划、政策提案等方面提出了相应策略。

（3）意大利罗马

罗马于2003年提出了"环境总体照明规划方法"（PGIA），该方法包括分析和规划两个阶段。

分析阶段又分为现状分析（分析公共照明现状、选点测量道路表面平均亮度和照度值、调查分析灯具类型和风格、系统调查历史和纪念性照明对象）和城市结构分析（分析历史特征、分析形态特征、分析功能特征、划分城市区域和同类子系统）。如城市街道按形态可分为多种类型，见表3-3。

罗马街道空间形态分类   表3-3

道路类型	特征因素
具有规则式格栅肌理的基础性道路	通常为垂直的或交错的形制，随着建筑性质与装饰细部的遍布呈现不连续性
具有透视感的基础性道路	相对而言，沿街建筑具有统一性，建筑群结构与视觉焦点具有透视感
具有透视感与宽广剖面的基础性道路	街边建筑具有一定的重要性与连续性，具有重要的纪念性透视焦点
具有透视感与宽广剖面的三线道路	具有高大的行道树，具有重要的纪念性透视焦点
重建道路	街边为重建建筑，打破了周边道路肌理，街道尺度参考沿革变化
意大利统一之后重建的主要道路	宽广的道路剖面，非常统一的建筑特征
景观性道路	具有典型的景观或环境要素（植物的、古典的、建筑的、纪念的）；具有成排的高大树木

　　规划阶段的主要工作包含确定夜间城市感知模型、确定和概括框架方案（Piani Quadro or PQs）和最小工程单元（Unita Minime di Invervento or UMIs）、确定项目类型、确定照明技术要求、确定城市照明设施类型与风格的要求等。

　　对于罗马郊区，照明规划按不同类型划定样本区域，然后对样本区域进行对象分类，从照度和光色两方面提出照明控制性规划策略（图 3-14～图 3-16）。

图 3-14　罗马城市照明规划基础分析

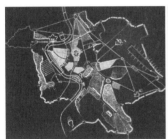

图 3-15　罗马城市照明规划策略

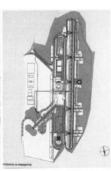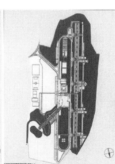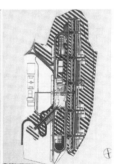

图 3-16　罗马样本区域照明控制性规划策略

3.4　中国城市照明规划的发展状况

　　我国建设部于 2003 年 9 月 24～25 日在深圳召开的"全国城乡规划标准规范工作会议"上，明确将城市照明相关规范的编制任务纳入体系，也代表了城市照明事业在我国的发展正在步入科学化、规范化的新阶段。

在住房和城乡建设部、发改委以及照明行业机构的推动下，我国目前对城市照明专项规划不可谓不重视。近年来，国内多个城市编制了城市照明规划，其技术水平逐步提高，北京、上海、天津、大连、重庆、深圳、石家庄、杭州、桂林、常州和泉州等城市已经具有较成熟、较系统的城市照明专项规划。

我国多位专家与学者就城市照明专项规划提出了自己的见解，如清华大学詹庆旋教授，在国内较早提出了照明规划的工作方法，进行了王府井商业区、北京东城区、桂林等城市照明规划实践，并主持编制相关国家标准。中国建筑科学研究院肖辉乾教授级高工，对于城市照明专项规划的依据、规划方法、照明对象和分期建设等几个方面提出看法；天津大学建筑系马剑教授，通过对天津夜景照明规划和颐和园规划等的实践，做了一系列系统研究，包括对亮度感受、光色心理、色光偏好、对生物影响、效益评估等；同济大学建筑与城市规划学院郝洛西教授，通过对杭州市主城区，王府井商业街等照明规划与设计实践，提出选取照明要素的方法、探讨了照明与材料的关系、比较了计算软件的特点；深圳大学建筑与土木工程学院赵海天教授分析了景观的 AEEE 属性，提出了照明专项规划、照明详规规划体系和成果提交形式；重庆大学建筑城规学院严永红教授，通过对重庆市、泸州市等照明规划设计分析了室外照明与建筑夜景的关系和照明设计中应注意的一些问题。重庆大学陈仲林教授注重定量指标，用定量的方法对照明提出指导。主要方向为道路照明、数字化照明探索、心理物理量研究。

通过以上对国内城市照明专项规划的发展的回顾和对景观照明大量规划案例的分析可以看到，我国目前的城市照明规划重视与国土空间规划的联系，且注意照明对象类别的不同，已初步形成照明总规与详规体系，但各自侧重点和研究深度不尽相同。据此，可将国内城市景观照明的规划成果做出以下分类（图 3-17）：

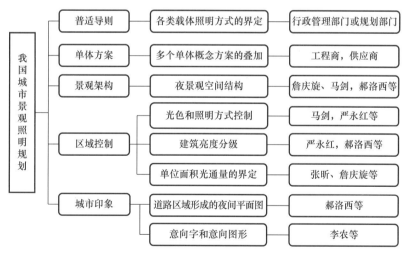

图 3-17　我国城市景观照明规划分类

3.4.1　普适导则

改革开放前，我国只有少数重大工程考虑了景观照明，照明形式单一，此时没有照明规划的需求和意识。1989 年，上海率先在外滩和南京路进行了景观照明的改造和建设，照明方式也由过去单一的轮廓照明发展为多种照明方式结合。当时导则式照明规划的出现，对各类建筑不同的照明方式起到了引导规范的作用。

导则式照明规划出现较早，规划成果类似于照明手册，对各类城市照明要素进行分类，如道路、绿化、建筑等，然后分别给出照明导则，却没有针对所规划的城市提出相应策略，给人的感觉是所有的内容都绝对正确，但成果只要换换城市名字，就可以用于另一个城市。

但是，现在导则式也在结合新出现的手法和照明，不断地总结、归纳，提出新的规划要求，如认知度、舒适性等。在分类方式等方面也有所发展，例如针对建筑可按照性质分为商业性建筑、行政办公类建筑、文物保护类建筑、居住建筑等；按照不同的形态分为高层建筑、多层建筑、低层建筑、按照不同材料分为玻璃、石材、铝板、木材、钢结构网架。对每种分类的不同照明方式的研究也在继续发展。

导则式规划由于缺乏从宏观上对城市的形态和人文特征进行归纳把握，不适用于指导城市照明的整体部署，但可作为景观照明规划中规划实施细则方面的补充，尤其适用于未建或待建区域。

3.4.2　单体方案

随特大城市和沿海开放城市，特别是深圳、珠海和海口等城市的景观照明迅速发展，很多景观照明项目作为政绩工程，常被要求在极短的时间内建设完成，而景观照明作为一个新兴领域，专业设计力量匮乏，景观照明规划在相当一段时间内尚未纳入规划管理部门视野，往往是由照明主管部门牵头，工程商和供应商提出照明方案并直接施工。

这种情况下，形成的"规划成果"表现为海量单体方案的叠加，动辄提出几十乃至几百张效果图，类似于画册图集。表面看工作细致到位、形象明确、实施性不成问题。然而，由于规划与设计本身深度不同，规划难以在有限时间内对城市尺度上的海量载体一一提出深入细致的解决方案，这些设计往往出自设计人员一厢情愿的臆想，由领导匆忙拍板，直到施工时才暴露出大量的实施问题，在工期压力下妥协的结果是规划与实际效果相去甚远。同时，这样的所谓规划解决不了面向未来发展的问题，它是基于设计的规划，而不是基于管理依据的规划。

如今，相关管理部门已经不再将大量的效果图作为照明规划方法，海量单体方案正在逐渐淡出城市照明专项规划的舞台。但是，仍适用于街道等较小区域的修建性详规。现状的规划也对施工单位的设计资质进行了相应规定，可以在规划的指导下，对一般性道路、建筑等进行设计，并由专家进行严格把关。

3.4.3　景观架构

如前节所述，普适导则缺乏对城市特点的表现，单栋方案又往往由于时间紧迫造成设计缺陷难以实施，而且建筑群体的景观照明效果缺乏统筹协调。因此城市景观照明规划的需求开始集中到具备可操作性和能突出城市特色上。在这种情况下，以景观照明架构为主要成果的规划开始得到普遍采用，这种规划一般先通过实地调研解读城市的特点，并结合国土空间规划中对城市发展方向及空间景观架构的规划提出夜景照明的规划重点路段、建筑、开放空间等。景观照明架构既能强调城市特征，又不局限于单体方案的规划方法，对于迅速提高城市夜间形象具有很强的引导性。

事实上，景观架构是根据照明对象或照明要素的总结。例如，泸州市城市夜间整体景观基本框架为"三点四线、四桥两水、六道三街、数景点"。

台州市椒江区提出的总体格局"一线，三片，四纵五横，多标示点"（图3-18）。

景观架构的提出是城市照明规划不可缺少的部分，但是城市照明规划不应仅局限于此，因为架构只是提炼了代表城市特色的部分载体，而规划应做到对整个区域的所有载体都具有指导意义，才能成为城市管理者"全覆盖"的管理依据。

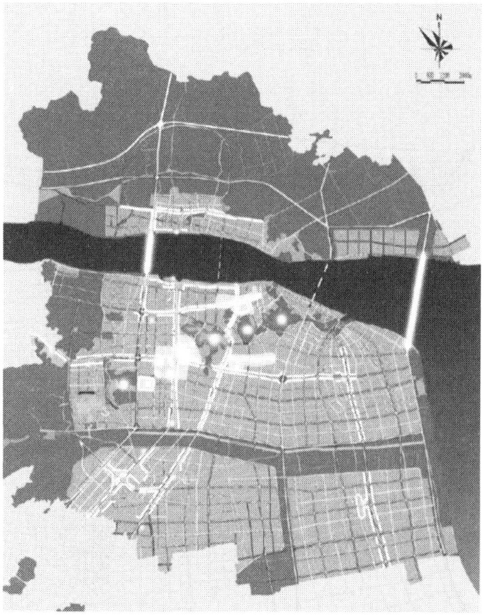

图3-18 椒江夜景照明总体规划图

3.4.4 区域控制

对应以景观照明架构为单一规划成果的缺憾，以区域控制策略为主体的规划开始出现，其特点为从照明光色、照明方式和亮度分级等方面提出对各类景观照明的控制，避免无序发展、过度发展的趋势。例如允许商业建筑运用彩色光，对行政办公、文化建筑少用彩色光的光色运用限定。对实墙面较多的建筑用大功率泛光处理，对玻璃幕墙建筑可采用局部内透光进行处理等照明方式的界定。除光色和照明方式外，为了获得对城市景观照明的有效控制，还常常引入亮度分级，即在景观照明规划中采用亮度来作为衡量照明效果对人视觉心理产生的感受的指标，例如泸州市城市夜景照明规划将规划亮度分为十个相对等级，最高为10，最低为1，某一亮度等级对应的亮度控制值是在次亮度区内所有建筑物的最高亮度的限制值，10级的对应亮度绝对值为22cd/m²。亮度分级方式对建筑的亮度有了量的界定，一般与色彩和照明方式结合规划。但是对单栋建筑提出分级，这种方式在调研人力资源有限的情况下只能对城市重点载体进行界定。

随着近些年来生态理念的提出，"光生态""照明生态"的概念也得到了进一步发展，提出了全区域覆盖的单位面积光通量的控制方法。方法是首先对"全区域"进行功能分区，通过控制各分区的单位面积光通量限值来控制整个规划区域内的照明强度（表3-4）。

相对于光色、照明方式的引导、亮度控制的方式来说，功能分区加单位面积光通量的方法考虑了"全区域覆盖"实现了对全区域内的整体控制。这种方式适合政府引导整体规划的情况，对于单栋建筑的约束性较小，并且区域控制不能离开单个载体存在，照明规划应该将区域控制以及对单个载体的控制联系起来。

亚运村光生态格局与光通量控制指标体系		表3-4
环境亮度	区域属性	光通量限制（lm）
一级照明地块	亚运村内商务、购物属性的区域内夜生活比较丰富	5660000
二级照明地块	亚运村内文化、体育属性的区域、夜间活动较多	9794000
三级照明地块	亚运村内主要居住区、夜间活动一般	14421000
四级照明地块	亚运村内水系所在区域，自然景观区域，紧邻生态敏感区域的居住区，夜间活动很少	5405000

43

3.4.5　城市意象

城市意象是突出城市特色和性格，强调受体感知的规划。城市意象是对景观架构进行

图 3-19　杭州市主城区夜景照明意象

提升，目前将城市印象加入照明规划中的有两种方式。一种是将道路、重点区域、节点等的光色亮度以夜地图的形式表述，给人直观夜景观印象。例如，在杭州市主城区城市照明规划中提出应在夜间再现或强化杭州的山水城市空间特点，把握其特有的韵味，使其夜景观的风格与城市性格相吻合（图 3-19）。

另一种认为棋盘式城市布局形态和文字有着千丝万缕的联系，不同城市布局和重要框架道路的不同，会与文字有着不同的联系，需要从众多可能性中提取最精华、最贴切的方面作为规划意向的凝练与表达。例如，在滨州市照明规划中提出的在中心城区的景观照明系统中选定了四纵四横道路作为城市框架照明的重点。此时的框架自然形成汉字中的"其"字，"其"通过"齐"，可寓意滨州悠久的历史和其深厚的齐文化；"其"又通"棋"，象征着传统的城市棋盘式（图 3-20）。

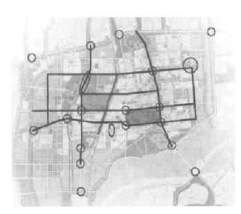

图 3-20　滨州城市功能分析图

城市意象的规划出发点，是在架构基础上提出的，这种方式对照明元素进行了提炼，有利于城市的可识别性，增加城市印象，但对于调整为意向字或意向图形的方式有待进一步探讨。

通过对上述城市照明规划的研究，我们可以发现国际上存在几种具有代表性的规划方法：

（1）城市道路照明规划重点在于能源与安全，几乎不涉及美学方面的考虑。可以对应规划发展史上的功能主义阶段。照明规划主要关注对象是道路、停车场和公园，并分类提

出照明要求。规划极为重视可实施性，并有完善的审查制度支撑。这种方法以北美为代表，其优点是易于操作，缺点是对城市夜间的整体视觉环境缺少组织，难以形成鲜明的城市意象。

（2）城市景观照明规划的重点在于"物"，力图提升城市视觉形象，对要素的选择与排序，对秩序和形式美的追求是核心内容。规划成果是照明对象的分层次空间架构，其理论基点为形式美学，可以与规划发展史上的形式主义阶段对应。这种方法以欧洲城市为代表，优点是目标集中、能有效改善城市夜间环境品质，缺点是难以解决面向未来的需要，难以对新建或待建载体提出照明控制要求。

（3）城市景观照明规划考虑与人互动的关系，将人对物的感知作为照明对象选择排序的考量因素，考虑实施保障层面的问题，与城市建设的契合、与城市管理体制的结合、资金的募集、政府的鼓励措施都列出较为详尽的条文。仔细挑选了能展现城市特色的区域给予照明，并对这些区域给出控制性规划内容，以汉城为代表的亚洲照明规划具有这些特点。

（4）城市照明专项规划由规划师与照明设计师紧密合作完成，这种方式具有特殊的参考意义。人对物的感知已不仅是选择照明对象排序的考量因素。组织人的活动本身已成为规划目标之一，规划语言与结构清晰、逻辑性强。对规划对象可以全覆盖，有利于政府管理。对象分类方法以及相应的控制策略易于操作，罗马是其中的典型代表。这种方法相对较为完善，对我国的城市照明规划编制有很强的借鉴意义。

从规划发展的角度看，城市照明专项规划发展有如下的发展趋势：

（1）结合社会的全面发展，结合公共政策，制定利于政府管理的规划；

（2）融入城市设计，遵循以人为本，创造特色，可持续发展等原则；

（3）总体规划把握整体形态，视线走廊等系统要素，提出整体控制要求；

（4）详细规划展示夜间环境质量，体现城市品位，注重环境设计细部。

根据目前的调查情况，我国城市照明专项规划研究作为城市规划研究的一个分支，随着我国城市化进程，已经成为国内研究的重点议题之一，备受关注，也取得了很多成果。但国内城市照明规划研究基础薄弱，研究文献虽多，但主要是基于规划案例的思考和政策建议的规划，基于理论层面的深入探讨较少，研究的深度和系统性尚显不足。

如前文所述，城市景观照明规划的相关要素主要包含景观视觉、城市活力、持续发展和规划管理四个方面。目前国内的城市景观照明规划多采取景观架构、区域控制和城市意象相结合的形式，规划成果对视觉形象最为关注，多为制定照明设施的量化指标进行控制；关于激发城市活力尚处于被动观察结果的层面，尚缺少用景观照明手段主动引导；持续发展方面多有提及节能环保的重要性，但缺少有效而易于执行的控制手段，而和规划体制与程序的衔接，以及规划管理方面则存在明显的不足，现状主要为以下几个方面：

（1）规划成果与现行规划管理体制脱节

目前大多数城市照明专项规划多由照明主管部门牵头，照明设计师主导完成的，相关专业规划人员和规划管理部门参与较少，导致多数规划成果和我国现行规划管理体制脱节，成果体例不合要求，往往是基于设计的规划，而不是基于管理的规划，管理人员难以将其作为依据进行有效的管理。

（2）缺少分期建设计划

目前相当多的规划任务仍然是由"大事件"驱动，委托方往往将注意力集中于需要立即实施景观照明的区域，且多希望"一口吃成胖子"，用少量资金完成尽可能多的任务，较少考虑循序渐进，相应目前较多规划成果在景观结构、照明策略方面的研究比较充分，但是对于分期建设考虑较少，导致建设资金投入缺少统筹考虑，往往造成发展不均衡，不能发挥最大的社会经济效益，影响城市照明的可持续发展。

（3）规划成果对实施的支撑体系考虑较少

我国照明管理部门成立之初，多以道路功能照明为工作重点。道路功能照明多由政府投入，资金有保障，技术要求相对明确、易量化。城市景观照明资金投入往往牵涉面较广，组织结构复杂，对美学的本质要求需要专业设计人员的参与设计，对现有管理部门来说，如何保证规划的实施和城市景观照明的维护具有挑战性。规划成果如果不能提出针对照明管理部门职责、费用管理，技术支持等内容，易导致可实施但无法维护的局面。

综观国际城市照明规划的发展，笔者认为，我国的城市照明规划编制应在符合我国现行规划体制和实施程序的前提下，关注视觉环境质量、社会活力与和谐、可持续发展等方面的问题，提出切实可行的控制策略与规划指引，支持城市发展目标，提高城市的综合竞争力。

第4章 城市照明规划管理

城市照明是一项不断发展的、长期的城市环境建设工程，为了实现城市照明的可持续发展，只有建立强有力的技术支持和规划管理体系，才能保证照明规划的贯彻实施，对已经建成和待建的项目进行科学有效的管理，避免建设资金、能源和人力的浪费。

4.1 城市照明规划的管理体制

4.1.1 我国现行管理体制面临的问题

目前我国各城市照明管理的既有制度和流程有较大的地区差异性。

首先，在城市照明的规划编制、审批、实施和监督中，城市照明主管部门和城乡规划主管部门之间尚未建立有效的协作机制，导致诸如城市的照明规划和其他专项规划难以协同编制和实施、城市照明建设项目的规划审批与城市照明规划脱节、照明规划实施情况监督检查工作难以落实等问题。

其次，各城市的城市照明行政主管部门不统一，且部分城市将景观照明和功能照明的主管部门分立，部门之间的分割使得城市的照明规划和实施难以从景观和功能两个方面整体考虑，其影响力和实施效果都相对有限。

最后，北京、上海等一二线城市基本都出台了城市照明管理办法和城市照明节能规定等，为城市照明的管理和执法工作提供法律依据。但还有很多城市尚未开展城市照明立法的相关工作。

如何结合我国的具体实际，建立良好的城市照明专项规划的管理体制，协调各方行政管理力量，提高管理效率和执行力，实现城市照明规划的目标，是城市照明专项规划管理的核心问题之一。

4.1.2 管理体制模式比较研究

城市照明专项规划的管理体制，可以纳入到常规的城市规划管理体制中，也可以单独设置，与现行的城市规划管理体制并行，或将二者进行结合。

（1）纳入现有城市规划管理体制

将城市照明规划管理纳入常规的城市规划管理体制中，可以利用现有的较成熟的城市规划行政机构，避免设立过多的行政部门。同时，现有的城市规划管理法律法规和流程较完善，也有利于城市照明规划的实施和监督检查。

例如丹佛于2003年制定了户外照明规范，规范的审查和规范条文的遵守情况由社区规划与发展部门来执行。规范对照明设计的控制作用体现在审查流程中，也明确规定了照明是场地设计、区域规划、景观规划审查过程的一部分。当占地证明需要批准时，开发项目需要进行核查。如果出现照明布置不符合规范要求、照明过度或不均衡，或者出现公众的异议等情况，则方案不能被通过。

由于大部分国家现有城市规划管理体制，对于功能控制方面，也就是具有明确数据指标的，主要目的是使城市在发展过程中保持功能合理性的控制方面较为有效。而对于城市照明控制方面，尤其是景观照明方面相对控制力较弱。因此，利用现有的城市规划管理体系，较适用于以能源与安全为重点的照明规划管理。

（2）单独设置城市照明规划的管理体制

由于城市照明具有较强的专业性，现有的城市规划管理部门较难获得技术上的支撑，也难以对照明规划进行具有较强针对性的管理。另一种国际常见的做法是单独设置城市照明管理体系，专门管理城市照明的规划、实施和监督。

里昂市就由一个名为城市照明局的机构专职负责城市照明的规划与管理。城市照明局组织编制城市照明总体规划，组织照明设计师参与并执行夜间照明规划，并编制法规，对街道设施物的形象进行监督控制。巴黎的城市照明由道路整顿部主管，照明设计师总负责。由道路整顿部提出城市照明概念构想和基本方针，邀请照明设计师担任城市照明的总指挥，协同其他照明设计师组成工作小组，提出城市照明规划、设计素描和概念设计。

城市照明规划起步较晚，且作为一项专项规划，其对社会影响的广度和深度均无法与城市综合规划相提并论。因此，国际上单独设置的城市照明规划管理体系均较为简单，其主要目的是在相对较集中的小规模范围内有效提升城市夜间视觉形象。由于缺乏足够的权力支持和法律保障，这种管理模式难以对城市照明载体进行全覆盖的控制，也难以解决面向未来的需要，较适用于以秩序和形式美为核心的照明规划。

（3）利用现有城市规划管理体制的同时在其基础上进行补充

这种模式可以将上两种模式的优点相结合，并有效避免其缺点。国际上较多考虑照明规划实施和保障层面的城市，其照明规划管理体系基本采用这种模式。

如韩国首尔（汉城）的城市照明规划主要由城市环境改善团管辖。市环境改善团下设两个机构。夜间景观照明咨询委员会制定景观照明规划及提供技术性咨询，新设的夜间景观改善促进委员会审议对景观照明实施的政府鼓励措施（图4-1）。

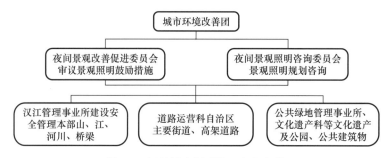

图4-1　汉城城市照明管理组织机构

同时，城市照明规划又被包含在属于城市基本规划一部分的照明规划中。依据首尔城市规划条例，景观规划通过划分景观区域进行管理。汉城在制订了城市照明规划后，增设了夜间景观区域，并与各区的单位规划相结合，在城市规划条例实行规则中记述实行方案。对城市照明进行控制和管理。

4.1.3 适用于我国的管理体制

综合考虑我国城市照明规划的目标、任务和我国当前的市政管理体制背景，不难看出，单独设置照明规划管理机构并和现有城乡规划管理体制互相补充的模式，较适用于我国的实际情况。

我国已经建立了较完善的城乡规划管理法律法规体系和行政组织架构。城市照明行政主管部门可在城乡规划主管部门配合下开展城市照明专项规划的组织编制、实施、监督检查工作。

由于城市照明专项规划具有较强的专业性，可成立专门的城市照明专家咨询机构，对城市照明规划的审批、城市照明建设项目的审批和核查监督提供技术支持。而社会团体和公众则作为管理主体之一，参与城市照明规划的决策和实施，监督政府管理，影响公共政策。

城市照明专项规划涉及社会多个部门的合作，在我国长期以来行政部门处于条块分割状态的情况下，还应在各行政部门、专家咨询机构、社会团体和公众之间建立相应的协调机制。协调职能可由专门的照明行政主管部门承担，建立并完善各个部门、机构、团体和公众之间纵向和横向的联系通道（图 4-2）。例如广州市照明行政主管部门和城乡规划主管部门密切配合，对城市照明进行管理。城乡规划主管部门将照明行政主管部门提出的城市照明控制指标等设计要求纳入规划条件。市照明行政主管部门会同市城乡规划主管部门等单位在照明建设方案联审决策阶段进行审查。

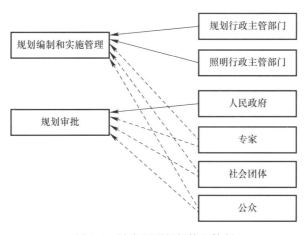

图 4-2　城市照明规划管理体制

4.2　城市照明专项规划的编制

2020 年 6 月 1 日，住房和城乡建设部发布了行业标准《城市照明建设规划标准》CJJ/T 307，规范了城市照明建设的相关工作，提高了城市照明建设规划的科学性和合理性。

4.2.1 城市照明规划的层次划分

城市照明规划又可划分为城市照明专项规划（在现行行业标准《城市照明建设规划标

准》CJJ/T 307 中又称"城市照明总体设计")、重点地区照明规划设计两个层次。重点地区照明规划设计必须在城市照明专项规划的指导下，科学组织、有序开展，是指导重点地区照明建设实施的重要依据。城市照明专项规划需确定城市照明重点地区（主要包括照明要素系统中的重要区域、路径和界面）的范围。根据城市规模和具体需求，特大城市或大城市可根据需要，在照明专项规划的基础上编制分区规划，其工作深度与城市照明专项规划深度相同。在实际操作中，经常将城市照明专项规划分成城市景观照明规划与城市功能照明规划两个部分，这主要是规划对象的划分，后两者进一步的层次划分和成果深度同城市照明规划中对应内容。

城市照明专项规划是对一定时期内城市照明建设与发展的综合部署和统筹安排，协调处理城市近期建设与远期发展的关系，为下层次城市照明规划及未来城市照明建设、管理提供指导和法规依据提供指导依据。

重点地区照明规划设计是以城市照明专项规划或分区规划为依据，对城市局部区域照明建设与发展提出进一步控制性和修建性要求。详细确定建设用地照明的各项控制指标并通过修建性要求予以形象上的落实。重点地区照明规划设计是对城市照明专项规划或照明分区规划的进一步深化，其规划控制单元落实到建筑立面与街道空间，能更有效的指导城市照明工程设计和施工。

4.2.2　城市照明专项规划编制的基本原则

城市照明专项规划应根据城市发展需求，调查研究城市自然地理风貌、历史人文特征、经济发展水平和现状建设情况，结合对政策和规划的解读、公众和专家咨询意见，确定城市照明发展的方向和目标。

城市照明专项规划应优先保障功能照明，因地制宜建设景观照明，避免过度建设。

城市照明专项规划应统筹协调功能照明与景观照明，强化整体性，营造和谐的光环境。

城市照明专项规划应贯彻全生命周期的节能环保理念；明确城市照明分时分级控制等节能措施及控制指标，鼓励使用节能产品；推广环保的照明技术；提出光污染控制等要求。

4.2.3　城市照明专项规划

明确城市照明发展目标，为避免城市照明野蛮生长造成的混乱无序和平庸类同，建立时间与空间上全覆盖的管理平台，明晰结构、突出重点，优化城市照明资源分配，制订系统的分期建设计划。城市照明专项规划是照明管理的基础性规划依据。具体内容包括：

1. 确定总体建设目标和原则；
2. 进行城市照明分区；
3. 明确城市照明总体结构；
4. 建立照明要素系统；
5. 布局夜间公众活动场所；
6. 提出功能照明建设和节能环保要求；
7. 制订建设计划、运营、维护和管理要求等。

4.2.4　重点地区照明规划设计

细化照明规划要求，解决地块内载体空间形态问题，进行照明资源的再分配。明确建筑体块及公共活动空间照明控制指标，既有限制条件便于管理，又能给后续设计留有空间（图 4-3～图 4-5）。具体内容包括：

1. 确定规划设计目标及策略；

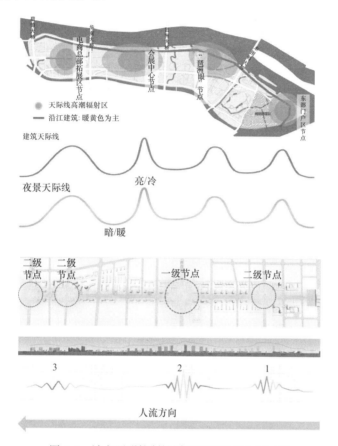

图 4-3　城市照明控制性详细景观结构分析示例

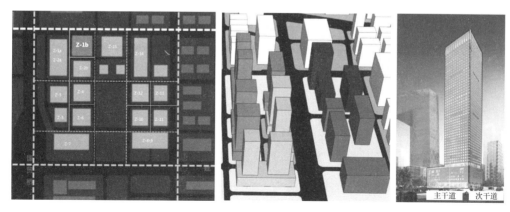

图 4-4　城市照明控制性详细规划控制单元示例

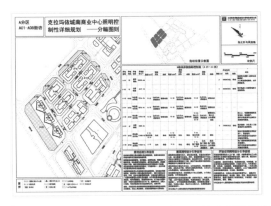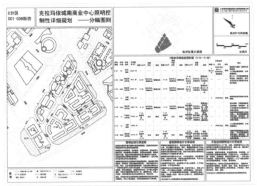

图 4-5　城市照明控制性详细规划图则示例

2. 确定照明载体的亮（照）度水平、光源颜色、照明动态模式等的层级，并提出具体控制指标；

3. 确定典型照明对象，并对其主题、风格、效果等提出照明设计要求；

4. 提出节能与环保、维护与管理的要求；

5. 提出投资及能耗估算；

6. 制订建设计划。

4.2.5　城市照明设计

宏观层面，对应于总体城市设计，建立基本空间结构、塑造核心特色，是整体层面的设计对策，运用分区分类＋要素导则的控制方法，建立覆盖全区的原则性导引（图 4-5）。

中观层面，根据规划区域的使用功能、风貌特征、文化传承、空间视线，对城市重点地段和近期建设项目的设计方式的提出要求，提供规划条件下的手法实现与直观立体形象示意（图 4-6～图 4-8）。

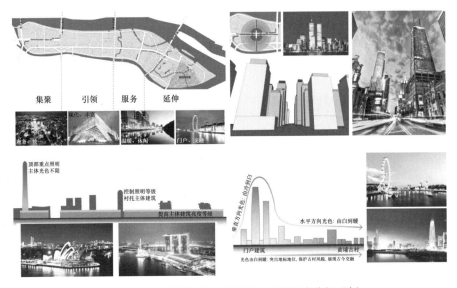

图 4-6　城市景观照明设计主题氛围、照明图式分析示例（一）

图 4-6　城市景观照明设计主题氛围、照明图式分析示例（二）

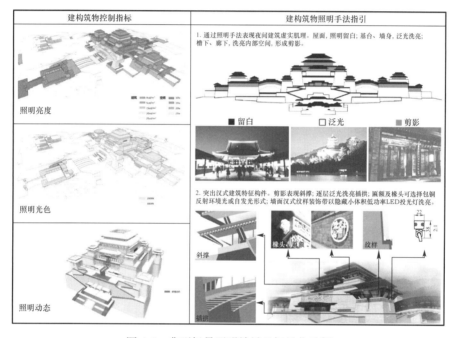

图 4-7　典型场景照明效果目标量化示例

图 4-8　典型场景照明效果示意示例

具体内容包括：

1）依据上位规划和现场踏勘，划定重点管控片区；

2）对重点管控片区内的载体进行分类，对照明效果目标进行量化；

3）选取典型场景，提出主题氛围、照明图式等相关要素的具体控制指引，提供手法实现与直观立体形象示意；

4）对建设实施的组织方式、事权分工、管理流程和动态维护提出建议。

4.2.6　城市景观照明规划编制流程

根据城市景观照明规划内容的要求，我们可以提出城市景观照明规划的基本流程（表 4-1）和工作路线（图 4-9）。

城市照明规划典型步骤与方法　　　　　　　　　　　　　　表 4-1

步骤	分项	目的	依据方法	结果
现状调研	选择城市照明对象	发掘城市资源，为形成夜间景观结构作基础，发掘城市活动、消费的增长点	收集相关资料，问卷调查，实地调研，价值评估	城市照明对象分布图
现状调研	城市建设发展方向	为城市照明定位、分期建设整改提供依据	调阅相关规划，与城市管理人员交流	城市照明定位、分期建设整改图
现状调研	城市照明现状	为分期建设提供依据	实地调研、测量	分期建设整改图
规划策略	景观照明区划	划分规划范围内地块，针对不同性质的地块提出地块内照明载体的照明策略，以实现对规划范围内所有照明载体的景观照明效果的整体控制和规划	国内外相关标准、经验、城市具体功能分布、相关城市规划	照明策略分区图、功率密度等限制、对灯具、光源的效率要求、维护管理的要求等
规划策略	景观照明架构	确定城市夜间景观架构（点线面关系、重要性排序、灯具系统），建立清晰的，与白天相应的富有特色的城市夜间意象	相关城市规划、城市设计、城市物质形态结构特点、景源价值评价、市民夜间活动情况（时间、地点、内容）、旅游路线组织	景观架构图、重要视觉节点、通廊、区域分布与概念设计
规划策略	夜间活动组织	促进人们的夜间活动，促进夜生活和夜经济的繁荣发展	相关城市规划、市民夜间活动情况、城市特色景点分布	夜间非消费型休闲活动场所分布图、夜间旅游线路图
实现策略	分期建设整改	考虑规划的可实施性，提供具体的建设目标，确定规划期限内分期建设整改内容	城市建设的方向与步骤、照明现状与建设目标的差距、城市的资金投入能力。以城市建设为第一优先，功能要求和景观要求取适当的权重因数	分期建设整改图
实现策略	实施策划与保障	使建设能根据实际情况灵活调整	设计、建设的组织；建立竞赛和评比机制，激发公众与业主参与；建立技术支持团队	对具体的终极涉及对象提出的设计通则，包括设计目标、设计标准，照明设施的选择与安装

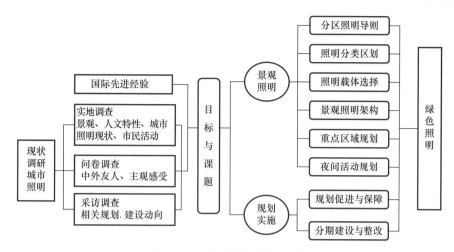

图 4-9　城市照明规划编制流程

4.2.7　城市照明专项规划编制的组织

鉴于照明专业具有很强的技术性，同时考虑到规划实施和监督工作的连续性，城市照明专项规划编制的组织，建议以城市照明行政主管部门为主，城乡规划主管部门可会同其共同进行规划编制组织工作。

城市照明专项规划组织编制机关应当委托具有城市规划资质等级与照明专业技术力量的单位承担城市照明规划的具体编制工作。

城市照明是系统化的、长期的工作，城市照明规划也应随着城市经济的发展变化和城市规划的不断修正而不断经常性地修改、丰富、完善。城市规划组织编制部门，在规划编制完成后，还需要及时组织规划修编，保证规划的及时性、有效性。

4.3　城市照明专项规划的审批

我国城市照明专项规划的审批制度方面，住房和城乡建设部目前没有出台相关规定，很多城市的照明规划由规划部门或照明主管部门内部审查、批复，使成果的法律效力不明，影响成果在规划管理中发挥作用。同时，虽然很多城市在规划评审阶段组织召开专家评审会，但领导意志过强，一人拍板的现象仍在少数地区存在。决策过程普遍缺乏社会团体和公众的参与。

城市照明规划作为城市规划体系中的一项专项规划，应由城市人民政府审批。通过出台规划条例或法规性文件的方式，将城市照明规划的审批流程制度化，明确规划成果的法律地位。

在规划审批的决策过程中，政府需要建立一个合理的决策圈，至少包括四个方面的代表：政府及相关领导者、专家、社会团体和百姓。决策队伍利用专家学者的理论知识进行科学决策，广泛听取公众意见和反馈，避免领导个人决策导致失误，全面把握全局利益，做到规划决策的科学性与民主性。

4.4　城市照明专项规划的实施管理

城市照明专项规划的实施管理，主要包括三个方面：通过对城市照明建设项目的审批和监督检查，实现规划对城市照明设计和建设的控制作用；通过组织城市照明建设和维护管理，实现城市照明规划的分期建设计划；构建规划实施评估机制，以监测规划管理的程序并对规划编制提供有效的反馈。

4.4.1　城市照明项目的审批和监督检查

如何建立易于操作且有控制力的审批和监督流程，以及如何通过可行的检测手段，以城市照明规划为依据，实现对建设项目进行监督检查，是城市照明规划实施管理的重点和难点。

目前我国部分城市已经规定新建项目必须在建设报审的同时，提交城市照明设计资料。但其中大部分城市在具体落实时，由于缺乏城市照明规划或技术规范提供的可操作的控制指标作为审批依据；审批部门在城市照明方面缺乏技术支持；对建设单位提供的资料缺乏规定，城市照明设计仅以一两张夜景效果图的形式作为建设项目报批材料的附件，导致城市照明工程项目审批流于形式。也有一些城市建立了完善的城市照明项目审查制度。例如广州，已形成联合审查机制的模式，城市照明建设依规审批实施。即城乡规划主管部门将照明行政主管部门提出的城市照明控制指标等设计要求纳入规划条件。新建、改建、扩建建筑物、构筑物的景观照明设计方案需进行审查。其中：政府投资项目由市照明行政主管部门会同市城乡规划主管部门等单位在建设方案联审决策阶段进行审查；社会投资项目在项目主体施工阶段，由市照明行政主管部门会同市城乡规划主管部门联合审查，重要标志性建筑的景观照明设计方案应报市城市规划委员会有关专业委员会审议。下一步正计划将此实施模式写入正在修订的《广州市城乡照明条例》。北京 CBD 管委会，联合北京市朝阳区规自分局、北京市朝阳区市政管委，共同对城市照明项目审查。新建项目土地批准文件或土地出让合同就明确了城市照明规划中对相应地块的规划要求以及景观照明投资底限。在对主体工程设计方案进行审查时，依据规划要求一并对城市照明设计方案进行审查，并在建设工程规划许可证中载明相关内容。

从以上案例可以看出相对可行有效的一种审批流程是结合现有的城乡规划实施管理体系，由城乡规划主管部门和城市照明行政主管部门联合对城市照明建设进行审批。我国城乡规划的实施管理，已经具备了较完善的法律法规基础、管理体系和流程，主要通过"一书两证"制度来实现。《城乡规划法》第三十六到四十一条中明确规定了建设项目选址、建设用地规划管理和建设工程规划管理，必须由城乡规划行政主管部门分别核发建设项目选址意见书、建设用地规划许可证和建设工程规划许可证，简称"一书两证"制度。同时，第四十五条规定城乡规划行政主管部门有权对建设工程是否符合规划条件予以核实，建设单位应向其报送竣工验收资料（图 4-10）。

在建设用地规划许可证审批阶段，由规划审批部门根据城市照明规划控制指标提出城市照明设计要求，并由建设方据此提供城市照明概念设计；建设项目进入设计方案审批阶段，规划审批部门可提出修改设计方案通知书，建设方作出相应修改直至通过，最终得到

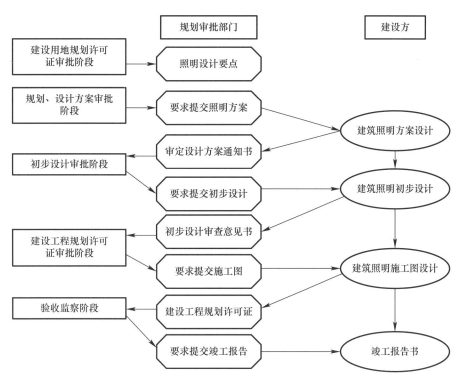

图 4-10　城市照明建设项目审批和监督流程

审定设计方案通知书；建设项目进入初步设计审批阶段，建设方提供城市照明初步设计方案，通过后得到初步设计审查意见书；建设项目进入建设工程规划许可证审批阶段，建设方提供城市道路照明或夜景照明施工图设计，通过后得到建设工程规划许可证；项目实施，完工后验收监察阶段，建设方提交影响工程竣工报告。对重点项目，城市照明行政主管部门参与竣工验收，验证照明工程项目是否符合设计要求。其中建设项目初步设计审批阶段与建设工程规划许可证审批阶段对建设方要求可以合并。

在上述的城市照明建设项目审批和监督检查过程中，城市照明行政主管部门需要和城乡规划行政主管部门密切配合，互相协作。按照《城乡规划法》，审批监督流程的每个关键环节，也就是"一书两证"的发放，均需由城乡规划行政主管部门完成。而设计要求、对各个设计阶段方案的审查意见的提出以及竣工验收等工作，则可由照明行政主管部门，在照明专家咨询委员会的技术支持下，协调社会团体、公众共同完成，为规划审批提供依据。

城市照明建设项目的审批和监督检查流程，需要各城市结合现有的规划实施程序颁布相应的规定、办法进行细化，明确各部门职责，实现依法、科学、有序地长效管理。

要做到以城市照明专项规划为依据，对建设项目进行控制，还必须注意对照明建设项目报审提供的方案和图纸资料必须进行详细的规定，能够对应城市照明规划的具体控制指标。

美国丹佛在对照明项目审批提交资料方面的规定则比较详细，包括项目的分区定级、照明设备的布置、控制、相应照明计算等。北京市政管委对依据行政许可法进行审批的城市照明建设项目，需提交的审批方案资料也进行了详细规定，保证审批工作的全面、科学。

根据我国的城市建设项目审批流程，建设单位应在不同设计阶段提供不同的资料。城市照明设计应至少提供以下资料，和城市照明规划的控制指标对应：

1. 规划设计方案审批阶段：提交照明设计，包括：

1）直观效果图；

2）文字说明。

2. 初步设计审批阶段：提交城市照明初步设计，包括：

1）主要照明区域的照明计算书，包括平均照度和亮度、均匀度；

2）建筑照明设施布置图（包括位置与瞄准角）；

3）照明设施选型（包括眩光减少/控制设备、光源、灯具、开关周期控制设备和安装设备，说明使用期限）；

4）工程概算。

3. 建设工程规划许可证审批阶段：提交景观照明施工图设计，包括：

1）建筑照明设施布置图及照明设施选型（具体要求和初步设计一致）；

2）能够指导施工的灯具安装构造详图；

3）照明控制回路图；

4）工程预算。

由于城市照明建设项目在施工过程中，常常会由于市政道路变更、建筑设计变更、各工种配合、实际采购灯具参数与初始设计不一致等原因，实际效果和原设计差距较大。因此，在完善的审批流程之后，还应加强核查监督工作。对重点项目，建议城市照明行政主管部门参与其竣工验收，对项目实际照明效果进行测量和评价，对任何不满足城市照明规划控制指标或技术规范规定的照明装置要求进行校正。

由于缺乏有效的技术手段，难以对项目实施效果进行测量，无法和规划控制指标和技术规范的规定进行比对，一直是景观照明建设项目实施监督不力的主要原因。目前已经出现较为成熟的照明虚拟仿真技术，在真实的材料库和灯具库辅助下，根据建筑和照明方案、灯具选型和灯具位置，模拟出非常真实的建成效果并计算出规划控制指标。通过此技术，不但可以有效的对项目实施效果进行预测，而且可以评估该项目和周围环境之间的明暗、色彩关系。有部分城市已经有意向在重点地段利用此技术建立辅助规划、建设、管理的平台。

4.4.2　城市照明规划分期建设规划的实现

城市照明专项规划的分期建设规划的实现，需要按照规划提出的分期建设的要求，逐步开展城市照明项目的建设和维护工作。

城市照明建设和维护，是政府多个部门以及社会各方共同参与的长期过程。而我国目前在建设和资金组织方面还存在很多问题。很多城市对城市照明建设的认识还停留在政绩工程上，对城市照明建设并未制定分期建设计划，基本由政府在某一庆典或节日前一次性组织大规模建设，也忽视社会力量进行的城市照明建设。

资金投入方面，政府的突击大规模建设投资并未报入政府年度预算，不能保证照明建设资金每年的持续供给，此外，某些政府投资项目未考虑每年照明设施维护管理资金的预算，造成照明项目"有钱建无钱管"的现象。而大部分社会力量在无法得到足够的利益回报的情况下，对城市照明建设和维护进行投入的意愿不强。在政府鼓励措施以及对城市照明的市场化运作和资源置换政策还不到位的情况下，仅靠行政力量动员难以持久。

国际上很多国家在城市照明建设方面积累了宝贵的经验。

首尔对于城市照明的实施编制了较详细的分期建设和预算规划。依据照明对象的所有者和运营者，将照明项目分类，分别规定政府和自营业主对照明建设和管理投入的出资比例。首尔通过制定照明相关法规，明确规定了政府对于照明的鼓励措施，如设置辅助资金、对具有公益性的城市照明的自营业主予以课税减免、对资金暂时周转不灵无法开展照明建设的业主提供贷款等。

在经费负担及奖励措施方面，里昂也积累了很多经验。公共建筑与空间由市政府来负责建设和维护，资金由政府投资。同时，也通过广告等社会资源置换寻求赞助商解决。私有建筑物由市政府补助业主维护管理费用和电力费用，所需费用来自于旅游业税收。

从国际经验看出，依据城市照明规划的分期建设计划，合理募集资金和制定鼓励措施，分步实施城市照明建设，是解决我国目前存在的问题的较为合理的方法。城市照明行政主管部门应每年在城市照明规划的分期建设计划基础上，根据实际情况，制定年度工作计划。而政府对建设和维护资金的募集，则可以通过多种渠道进行：

（1）政府划拨

市政道路、公共绿地、城市广场以及其他符合政府划拨资金要求的照明项目，由各级政府统一建设，统一管理维护。这是我国目前城市照明建设主要的资金来源。

（2）政府与社会单位共建

城市照明建设的资金是保障建设成功的根基，城市照明需要投入大量的建设资金和维护费用，这笔费用如果全部由政府承担将是较大的负担，另外，由政府主导的照明建设缺乏与市场投资民间投资的衔接，各行其是，也造成总的照明效果不尽人意。为此，可以参考国内外城市的经验，建议采取由受益的业主投资或是投资公司与业主合作的投资，由政府税收中支付部分费用，（如照明项目由政府投资，受益单位负责项目维护、保养）；或在政策上进行优惠（如政府对于楼宇业主、企业用于路灯、夜景照明的电费实行适当补助，电费附加费实行不同程度的减免等）也是比较切实可行的。

（3）城市资源的市场运作

各级政府和相关管理部门可以通过广告使用权、土地开发的有偿划拨等市场行为解决照明项目的建设、维护的资金问题。同时，随着城市照明的不断完善，可以组织特色城市照明景点观光旅游等活动，筹集的资金再投入到照明项目的建设与维护中去，使得资金得到良性的循环。

4.4.3　城市照明体检—城市照明规划实施评估机制的重要环节

城市照明规划编制完成后，还需要构建"规划编制—实施跟踪—评估论证—反馈纠偏"的规划实施评估机制，对规划实施跟踪与评估论证，以监测规划管理的行政程序并对规划编制提供有效的反馈。而城市照明体检是其中的重要环节。城市照明体检是主动检讨、调校、修正规划的过程。当前迫切需要通过规划评估有效提高城市规划编制的科学合理性，强化规划管理质量和效能，使之进一步适应社会经济发展的客观要求，引导城市健康发展。

城市照明体检的流程包括：构建体系、城市照明相关数据采集、问题诊断，最后出具城市照明体检报告。其内容包括六个方面：

　　1）安全韧性—夜间安全体检；

　　2）生态宜居—夜间光污染体检；

　　3）健康舒适—公共空间夜间服务覆盖率体检；

　　4）风貌特色—夜间商业活力和历史开发程度体检；

　　5）整洁有序—城市夜景观秩序体检；

　　6）创新活力—城市照明信息传达和数字化管理水平体检。

第5章 功能照明规划策略的制定

功能照明包含道路照明、人行道路和非机动车道路照明。道路照明的目的是：为机动车驾驶人员创造良好的视觉环境，以求达到保障交通安全、提高交通运输效率的效果。人行道路和非机动车道路照明的目的是：为行人提供舒适和安全的视觉环境，保证行人能够看清楚道路的形式、路面的状况、有无障碍物；看清楚同时使用该道路的车辆及其行驶情况和意向，以便能了解车辆的行驶速度和方向、判断出与车辆之间的距离；行人相遇时，能及时地识别对面来人的面部特征并判断其动作意图，方便人们交流，并能够有效防止犯罪活动。功能照明规划要坚持以人为本，节能优先，以高效、节电、环保、安全为核心，努力构建绿色、健康、人文的城市照明环境，切实提高城市照明发展质量和综合效益，保障城市安全和促进交往互动。

5.1 国外道路照明发展简史

5.1.1 蜡烛 & 煤油灯（工业革命前）

公元4世纪开始，史书上街灯使用首次被记录在安提阿（古叙利亚城市，现在的土耳其南部城市）。9~10世纪的阿拉伯帝国历史上记录过，特别是在科尔多瓦。在白炽灯出现之前，城市里使用的是蜡烛照明。15世纪伦敦，1417年，伦敦市长亨利·巴顿要求在室外悬挂灯具照明。1667年，在国王路易十四的统治下，皇家政府开始在所有街道上装灯。到1669年有3000个，到1729年增加了一倍。1745~1749年，一种油灯问世，这些灯都安装在灯柱上，到1817年，巴黎街道上有4694盏这类路灯。

5.1.2 气灯时代

第一个广泛使用的街道照明系统使用管道煤气作为燃料。威廉·默多克（William Murdoch）是第一个将煤的可燃性实际应用在照明领域的人。

1807年1月28日，Frederick Albert Winsor在伦敦的蓓尔美尔街展示了第一盏使用煤气的公共街道照明。1812年，英国国会授予伦敦威斯敏斯特煤气灯公司（Westminster Gas Light and Coke Company）一份许可，世界上第一家煤气公司也诞生了。不到两年后的1813年12月31日，威斯敏斯特大桥被煤气灯点亮。在这一成功之后，煤气灯照明也流行到了其他国家。1825年，英国伦敦以外的第一个有煤气灯照明的地方，是英国兰开夏郡普雷斯顿（Preston，Lancashire），这是由约瑟夫·邓恩（Joseph Dunn）经营的普雷斯顿煤气灯公司（Preston Gaslight Company）所做的，他发现了最先进的提高煤气灯亮度的方式。

1816年在巴尔的摩的伦勃朗·皮尔博物馆使用煤气灯获得了巨大的成功。巴尔的摩是美国第一个使用煤气路灯的城市。

1829 年 1 月，巴黎街道上的第一个煤气灯出现在杜卡鲁和里沃利大街上，然后在帕西大街上的文多姆街、卡斯蒂里奥街。到 1857 年，格兰德大道上灯火辉煌，1857 年 8 月，一位巴黎作家热情洋溢地说："巴黎人最喜欢的是林荫大道的新灯光……"。19 世纪，在林荫大道和城市纪念碑上安装的煤气灯，使巴黎变成了光明之城。

油气在照明领域出现，成为煤气灯的竞争对手。第一批使用煤油气的现代路灯是在 1853 年奥地利帝国时期传入利沃夫的。2009 年，在布列斯特（法国一座军港城市），油气路灯再次出现在商业街，成为旅游景点。

一种新古典主义的法国灯具风格 Farola fernandina 当时广为流行，这种风格可追溯到 18 世纪晚期。

5.1.3　电弧灯

第一个电动路灯采用弧光灯，最初是由俄罗斯人 Pavel Yablochkov 于 1875 开发的"电蜡烛"，这种碳弧光灯使用交流电，它保证两极以相同的速率消耗。

1876 年，洛杉矶市议会订购了四支电弧灯，安装在这座新建中的小镇的街道。1878 年 5 月 30 日，巴黎的第一个电路灯被安装在环绕凯旋门的歌剧院大街和 the Place d'Etoile，为庆祝巴黎世界博览会开幕。1881，为配合巴黎国际电力博览会，在主林荫大道上安装了路灯。1878 年，伦敦街道上的第一批电弧光灯出现在霍尔高架桥和泰晤士河堤附近。到 1881 年时，4,000 多只电弧灯还在使用中，尽管那时候，西门子已经开发出提升版的插接弧光灯，美国在使用弧光照明方面发展很快。在美国，到 1890 年，130000 只电弧光灯投入使用，通常安装在非常高的塔上。

弧光灯有两个主要缺点。首先，他们发射出强烈、刺眼的光，虽然在工地，如造船厂等很有用，但是在城市的街道，这种光线却让人感到不舒服。第二，后期维护属于密集型的，因为碳电极很快就会烧掉。十九世纪末期，随着廉价、可靠和明亮的白炽灯的发展，电弧灯不再被用于路灯照明，但在工业领域的使用仍保留了下来。

5.1.4　白炽灯

随着 1879 年，白炽灯的问世，汽灯迅速退出了道路照明，电灯取而代之。1879 年 2 月 3 日，第一盏白炽灯泡点亮在英国泰恩河畔的纽卡斯尔的莫斯利街上，它成为第一条采用白炽灯的街道。在 1880 年，采用现代电力照明的第一条街道是伦敦的布里克斯顿的电力大道。1879 年 4 月 29 日，美国俄亥俄州克利夫兰市的公共广场道路系统是美国第一个、世界第二个电力照明的城市（居于纽卡斯尔之后）。1880 年 2 月 2 日，美国印第安纳州的沃巴什是号称世界上第三个电力照明的城市。南非的金伯利是南半球和非洲的第一个拥有路灯的城市——第一个电力照明项目落成是在 1882 年 9 月 1 日。在中美洲，哥斯达黎加的圣若泽是第一个有照明的城市，电力系统于 1884 年 8 月 9 日启动，水电站的电力点亮了这座城市的 25 盏灯。今天的罗马尼亚的 Timisoara 是欧洲大陆的第一个拥有公共电力照明的城市（1884 年 11 月 12 日），当时使用了 731 盏灯。1886 年，位于塔斯马尼亚西北部、孤立的小型矿业城市 Waratah 是澳大利亚第一个有电路灯的城市。1888 年，澳大利亚新南威尔士的 Tamworth 成为新南威尔士第一个拥有电路灯的地方，因此，也获得了"第一个光之城"绰号（当然，不符合事实）。

5.1.5 气体放电灯

白炽灯主要用于路灯照明，直到高强度气体放电灯问世。今天，街道照明一般采用高强度气体放电灯，以光效高、寿命长的高压钠灯为主。但研究比较，金卤灯和高压钠灯显示相同的明视觉，显色性更高的金卤灯照射下的夜间街景相对于高压钠灯照明系统更安全。

5.1.6 LED 路灯

随着 LED 光源的问世，以更低能耗、寿命更长等特性开始取代气体放电光源。国内外越来越多的城市在道路照明领域使用 LED 产品。

英国伊斯特本将 6000 盏的传统路灯更换为 LED 路灯，2014 年初，英国其他一些城市将紧随其后开始更新路灯。意大利米兰是第一个完全转向 LED 照明的大城市。在北美洲，加拿大的米西索加市是第一个 LED 转换项目——2012 年到 2014 年之间超过 46000 盏灯更新为 LED 路灯，它也是北美洲第一个使用智慧城市技术控制灯光的城市之一。

5.2 中国道路照明简史

中国道路照明的发展，据记载可查，可以追溯至清朝末期。光绪年间，北京前门大街、崇文门大街、地安门大街就有路灯。只不过，当时的路灯都是烧煤油的纱罩灯。更夫每天夜晚负责添油点灯。这些街灯消耗的费用来自街道住户缴付的油灯捐。虽然这些灯很昏暗，但是达到了方便人们夜间出行的目的。

而在中国最早使用电灯的地区则是上海的租界，帝国主义侵略同时，也带来了先进的工具和技术。清光绪八年（1882 年），英国人李德立氏提出开办电气公司的申请，不久就得到当时公共租界工部局的批准。根据史料记载，电气公司成立后，第一批安装电灯的有：虹口招商码头 4 盏、理查客栈 4 盏、外滩公园 5 盏……共计 15 盏。光绪十四年（1888 年），北洋大臣李鸿章将发电设备和电灯作为贡品献给慈禧太后和光绪皇帝。但由于受到宫廷内部保守势力的反对，在光绪二十六年（1900 年）以前，宫中均未使用电灯，仍以烛光照明。但这并没有阻止电灯在颐和园和西苑（今中南海）使用。

1903 年，天津成立了中外合资的电灯公司。1904 年，北京也成立了京师华商电灯公司。以此为标志，电灯开始由宫内向宫外发展。1906 年，京师华商电灯公司首先在东城安装了官办路灯，管理路灯的官员叫稽查员。这些电灯算是北京最早的电路灯。清宣统三年（1911 年），北京城内 7 个区的街道路灯中，有电灯 600 多盏。1929 年，北京煤油纱罩灯陆续换成了电灯。1943 年，北京最后一批 87 盏煤油路灯被电灯取代，煤油灯退出历史舞台。与此同时，作为中国灯具工业最早起源地的上海，约在 20 世纪 20 年代已经开始规模使用电灯。1921 年，民族工商业者胡西园等试制成功第一只国产白炽灯，随着白炽灯生产的发展，其他光源产品相继问世。

新中国成立后，中国照明灯具工业经历了将近 20 的高速发展。从 1949 年至 1965 年，这是中国电灯快速普及的时期，城市开始普及电灯照明。除上海外，北京、天津、武汉、广州等各大城市也相继建立灯具厂。中国现代灯具工业出现了前所未有的繁荣。1950 年北京市决定，由北京供电企业代理收取路灯费，从原来的按照明电价加收 4％改为加收 5％。1959 年新中国成立 10 周年大庆前夕，北京进行十大建筑和天安门广场建设，周总理亲定长安街花灯造型：广场用九火莲花灯，东单到西单用棉桃灯。由于当时的工艺技术很难做出棉桃造型的灯具来，因此，棉桃灯只好做成圆球形状。同一年在北海大桥上也用了 26 个五球灯。这些灯投入使用时，轰动了京城。此外，中国在光源方面的研究也取得了可喜的进展。1963 年，复旦大学电光源研究室和亚明灯泡厂研发出我国第二代光源荧光高压汞灯。此后，第一盏氢灯、第一盏氙灯、金属卤化物灯相继问世并量产，中国电光源产业因此也向前跨越了一大步。但紧接着的"文化大革命"时期，中国的灯具行业受到很大影响，使原本基础薄弱的灯具工业遭遇停滞的命运。直到 1978 年十一届三中全会以后，中国灯具发展的新一轮高潮才初现端倪。

进入 20 世纪 90 年代初期，消费者对节能产品的大量需求，呼唤出一系列节能新产品，发展至今，LED 照明产品以目前发展来看取代传统节能灯是大势所趋，将成为照明领域的第三次革命。

2009 年初，为了扩大内需，推动中国 LED 产业的发展，降低能源消耗，中国科技部推出"十城万盏"半导体照明应用示范城市方案，该计划涵盖北京、上海、深圳、武汉等 21 个国内发达城市。在政策的推动下，中国 LED 路灯的实践进程在国际上有着领先地位。

随着 LED 技术的成熟，我国开始了第二轮的 LED 路灯节能改造。目前各城市都在进行一定程度的节能改造，预计到 2025 年，大部分城市的节能改造量将达到 60％。

现阶段部分地区在尝试运用清洁能源联合照明的方式。我国智慧多功能灯杆在 2015 年首次推出，2016 年正式使用。智慧多功能灯杆将灯具与信息建立了联系，并成为收集信息的载体，是智慧城市的构成部分，具有划时代的里程碑意义。

5.3　道路照明规划大纲

道路照明规划是城市照明专项规划中不可或缺的一部分，作为城市基础设施建设之一，《城市道路照明设计标准》要求只作为道路照明系统的基础，在满足基础的同时，其更高标准需符合每个城市自身的规划格局和发展目标。以下是功能照明规划的基础内容，根据每个城市不同的需要，规划内容可有不同的指导方向。

5.3.1　项目背景或缘起

独立的功能照明规划设计项目，建议项目开篇阐述项目立项原因、意义及相关政策导向，从城市总体规划中提炼关于道路照明的该城市背景分析结论。同时，专项规划必须包含规划项目的范围、年限等基本内容（图 5-1～图 5-3）。

5.3.2　现状分析

现状分析是通过对基础资料的理解和实地调研总结，多方面了解该城市已有的功能照明建设规模和现状功能照明运行情况和问题，以及该地域可能会影响照明的气候特征和植被情况，便于后期针对性的给出规划策略。

项目缘起

1	填补空白	● 填补广州市市政道路照明规划空白,满足建设发展需求; ● 为下一步城市照明管理信息化打下坚实的基础。
2	规划衔接	● 广州市城市总规和照明规划修编之际,广州市市政道路照明建设指引性文件; ● 与广州市城市照明整体发展趋势和管理要求保持一致。
3	加强管理	● 推进规划管理机制建设,保障规划实施; ● 提供规划建设要求与审批、验收依据; ● 提出近期建设计划、实施策略和行动计划建议。

图 5-1　项目缘起

建设成就

2009年 老六区"城中村"路灯建设工程
自2009年至2014年,推动各区城中村完成4.2万多盏路灯建设工作;解决了城中村路灯不亮问题,实现了较高的亮灯率。

2011年 "光明之路,幸福农村"广州市新农村道路亮化工程
2011年起,以"经济、实用、安全"为原则,对北部山区八镇和其他乡镇开展路灯建设。

2013年 中心城区路灯节能改造项目
2013年12月~2014年11月,开展了涉及6个中心城区(白玉、越秀、海珠、荔湾、黄埔和天河区),6.5万多盏路灯节能改造工作,现状金卤灯、高压钠灯将被置换为金卤灯。

2015年 广州市共有路灯总数约310720盏。其中老六区184877盏,花都区53000盏,南沙区21209盏,萝岗区22800盏,番禺区93508盏,增城市25000盏,从化市8706盏,城中村路灯约4.8万盏,农村路灯约11万盏。

● 老六区"城中村"路灯建设工程

● 新农村道路亮化工程

● 中心城区路灯节能改造项目

图 5-2　范围年限

政策导向
■ 国家新型城镇化建设

增量扩展 城镇化模式	以提升质量为主的转型发展新阶段	城乡一体、存量提升

■ 广州市城市总体规划修编及十三五规划纲要

图 5-3　建设成就（一）

建设成就

基本杜绝有路无灯

图 5-3　建设成就（二）

1. 现状建设规模成就

现有的城市道路照明建设情况总结，此部分是调研总结的首要工作。建议在展开调研之前先与主管部门进行充分沟通，收集已建范围的基础资料和分期建设计划。

2. 照明现状

此部分工作是大量实地调研的总结性报告，包含道路亮/照度现状情况、道路光色现状情况、路灯风格现状情况几大部分。

道路亮/照度现状：

按照主干路快速路、次干路、支路分别整理后的调研数据成果，罗列每条道路的实际测量值，收集数据包含道路平均亮/照度、路面水平均匀度、纵向均匀度，并以柱状图形式在表单中体现出来。同时，现行行业标准《城市道路照明设计标准》CJJ 45 中的各项指标的标准值以直线形式在表单中体现，这样哪条路达标、哪条不达标就清晰可见了（图 5-4～图 5-6）。

道路光色现状：调研成果总结应包含对现状道路光色的情况的整理，并图示表示，以便之后更直观的与规划成果的对比。如那个路段有光色不统一的现象也可以形成统一图例在图 5-7 中标注出来。

路灯风格现状：调研应收集每条道路的灯具风格，建议用图 5-8 表示，以便更明确的发现现状问题，以及后期与规划成果的对比。

3. 现状问题

可根据车行道路、交会区、人行区域现状总结问题及成因（如精简版功能照明规划，可不细分区域）。车行道主要问题通常包含以下几类：

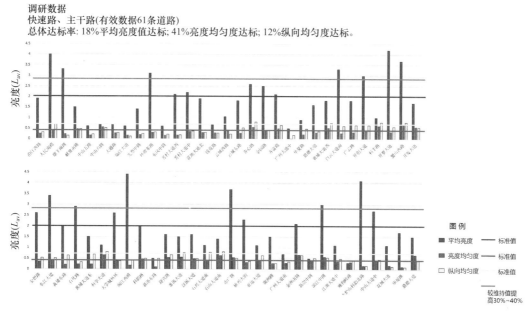

图 5-4 为该城市各条主干路、快速路调研数据

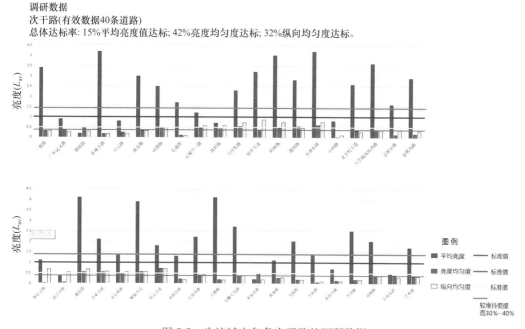

图 5-5 为该城市各条次干路的调研数据

亮度、均匀度指标上的问题：通常此类问题是由于灯具选型和灯具布置不当造成的，但有时也可能来源于地域气候特征或植被遮挡问题。以下示例为车行道路问题，调研发现该城市行道树遮挡、灯具配光不合理、某些路段灯具过于陈旧都是主要影响测量指标不达标的因素，同时，某些路段灯具选型不能覆盖过宽道路，以及光源功率过大造成亮度过高，也是车行道照明问题的主要成因（图5-9、图5-10）。

支路（有效数据51条道路）
总体达标率：12%平均亮度值达标；47%亮度均匀度达标。

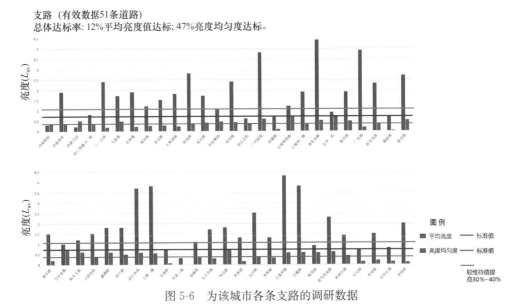

图 5-6　为该城市各条支路的调研数据

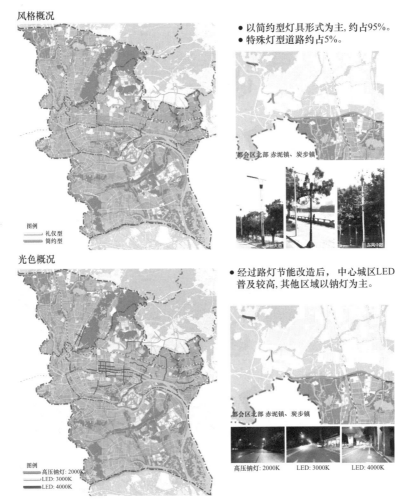

风格概况

● 以简约型灯具形式为主，约占95%。
● 特殊灯型道路约占5%。

都会区北部 赤坭镇、炭步镇

光色概况

● 经过路灯节能改造后，中心城区LED普及较高，其他区域以钠灯为主。

都会区北部 赤坭镇、炭步镇

高压钠灯：2000K　　LED：3000K　　LED：4000K

图 5-7　道路光色概况

亮度概况
● 各级道路亮度过高与过低现象同时存在;
● 快速路、主干道亮度不足问题突出;次干道、支路亮度过高问题突出。

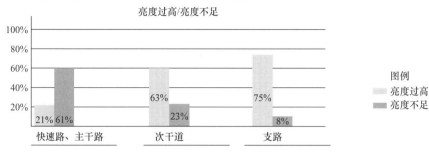

图 5-8 路灯风格概况

亮度概况
● 各级道路亮度过高与过低现象同时存在;
● 快速路、主干道亮度不足问题突出;次干道、支路亮度过高问题突出。

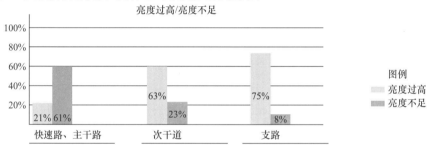

图 5-9 道路亮度现状概况

问题成因

1-行道树遮挡严重。

2-灯具配光不合理。

3-灯具陈旧。

4-道路宽阔,整灯功率不足。

5-光源功率过大。

无树木遮挡,仍然不能照亮道路。　　4.4cd/m²　　　　　　4.1cd/m²

图 5-10 道路亮度问题成因

4. 光色类的问题
同一道路光色不统一——光源维护时存在问题;

有显色性需求路段的现有光色过低——对于一些重要的景观形象展示路段，钠灯光源显色性过低，影响视觉效果呈现；

光色与景观照明架构分区氛围要求不协调——如景观照明架构定位为文保区光色低的路段，现状光色较高（图 5-11、图 5-12）。

灯具风格问题：通常包括灯型过多不易于维护更换、同一路段灯型不统一、特色城市风貌路段灯具形式不协调等问题。

光色概况
● 重点区域道路照明光色与区域氛围协调程度有待提升。

大学城：外环路　　　生物岛：螺旋大道　　　亚运城：亚运南路

教育、科技、文体区域：道路光色暖黄、显色性欠佳

历史城区：十三行路　　　历史城区：一德路　　　古港古村：石基环路

历史城区： 道路光色偏冷，不够温暖

图 5-11　道路现状光色概况

风格概况
● 简约型形式与色彩可根据区域特征，进一步统一，便于维修更换。

会展中心区域：会展西路　　　亚运城区域：亚运南路　　　生物岛：星汉大道

太古仓：环岛路　　　广州南站：石兴大道南　　　白云国际会议中心：云城西路

图 5-12　道路现状路灯风格概况

5.4 规划目标

由现状主要问题引出符合该城市需要的规划目标，编制本项目规划内容的提纲。例如：

现有路灯系统尚无规划指导的项目：该规划成果指标作为未来功能照明整改及新建工程的审批依据。

现有照明在亮度、均匀度、光色、灯型风格存在明显问题：该规划根据本项目的成果指标，提供典型路段的照明基本设置方案，指导后续设计。

现有功率密度过大、亮度超标等现象：需要绿色照明导则提出建设指导意见。

以上示例为详尽版功能照明规划目标示例（图5-13），精简版可将功能照明问题归纳在民生建设、绿色照明等规划目标中，或将道路功能照明、人行功能照明拆分在不同的规划目标中体现。

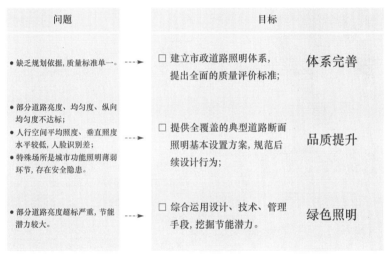

图 5-13 功能照明规划目标示例

5.5 功能照明基础规划内容

包含照明等级、照明光色、灯具风格、功率密度规划。

5.5.1 照明等级

功能照明相关规划，包含道路照明规划，人行及非机动车道路照明规划，道路相关场所照明规划。其中道路照明规划，根据"道路交通规划"、"照明景观架构重点道路"划分道路等级。提出符合《城市道路照明设计标准》的机动车道路照明标准值。

根据该城市的"道路交通规划"道路分级，通常将具有主干路、快速路归并为一级道路；次干路归并为二级道路；支路归并为三级道路。照明指标依据《城市道路照明设计标准》中的机动车道照明标准值确定。按照城市级别和特殊道路需要选择标准值存在的高档或低档指标（图5-14、图5-15）。

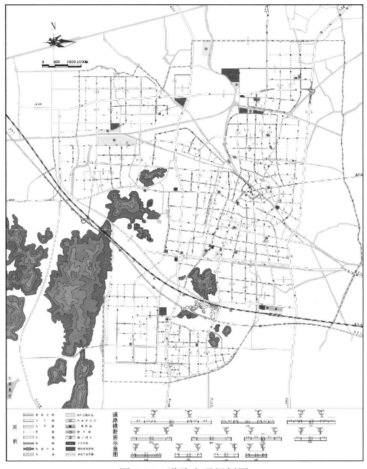

图 5-14　道路交通规划图

图 5-15　道路照明等级规划图

此外，道路照明规划指标还应考虑景观照明规划分区，对于景观照明规划中，城市主要轴线和景观价值较高的道路可适当提高一级标准设定。如景观价值较高的城市主要轴线迎宾路、市中心商业区主干路，可提高为特级道路，照明指标取值提高一级标准（表5-1）。

机动车道路照明标准 表 5-1

级别	道路类型	路面亮度			路面照度		眩光限制阈值增量 TI（％）最大初始值	环境比 SR 最小值
		平均亮度 L_{av}（cd/m²）维持值	总均匀度 U_o 最小值	纵向均匀度 U_L 最小值	平均照度 $E_{h.av}$（lx）维持值	均匀度 U_E 最小值		
I	快速路、主干路	1.50/2.00	0.4	0.7	20/30	0.4	10	0.5
II	次干路	1.00/1.50	0.4	0.5	15/20	0.4	10	0.5
III	支路	0.50/0.75	0.4		8/10	0.3	15	—

注：1. 表中所列的平均照度仅适用于沥青路面。若系水泥混凝土路面，其平均照度值相应降低约30％；
2. 表中各项数值仅适用于干燥路面；
3. 表中对每一级道路的平均亮度和平均照度给出了两档标准值，"/"的左侧为低档值，右侧为高档值；
4. 迎宾路、通向大型公共建筑的主要道路、位于市中心和商业中心的道路，执行 I 级照明。

5.5.2 照明光色

根据该城市道路实际需要，对显色性要求较高的城市道路及文保区科技园区道路，规划中可将光色根据"景观照明规划区划"及"景观照明架构"划分光色设定区间。

如图 5-16 所示，该城市主干路建设年代差异性比较大，光源包含高压钠灯和 LED，因此光色不刻意要求的过于严格，统一小于 4500K 即可。中心是该城市的老城区（古建集中的文保区）统一设置为 3000K 以下的光色。城市外围工业区统一设置为 4000～4500K 光色。

图 5-16 道路照明光色分布示意图

5.5.3　灯具风格

根据有特色的景观风貌街道、"景观照明规划区划"及《城市道路照明设计标准》CJJ 45中关于灯具配光类型的相关规定划分。

图 5-17 是某城市灯具风格规划示例：古建集中的文保区宜采用古典造型特征的灯具风格，但同时需要考虑灯具的配光类型，车行道路采用截光灯型；工业区宜采用简洁现代的灯型；滨水道路可采用流线造型的灯型。

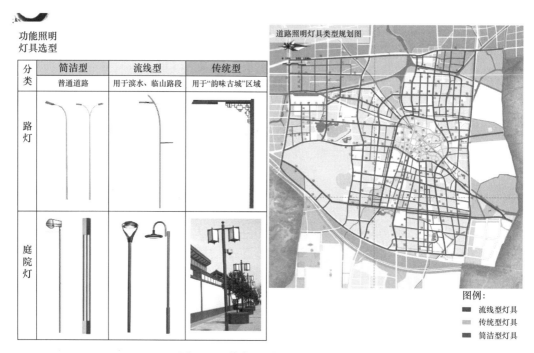

图 5-17　道路照明灯具风格示意图

5.5.4　功率密度规划

灯具安装功率：根据《城市道路照明设计标准》CJJ 45 机动车交道的照明功率密度限值以及道路灯具布置方式划分城市道路的功率密度分级。

图 5-18 是某城市道路照明功率密度规划：

5.5.5　典型路段灯具布置示例

1. 布灯计算

选择各级道路的典型道路或问题比较严重路段，进行深化设计，作为规划落实的指导。

首先，应充分了解道路现状及属性，根据相关标准制定设计目标；然后绘制该路段道路断面灯具布置示意图（图 5-19）及照明指标的计算（表 5-2），得出符合本规划上述指标要求的道路照明设计示例（图 5-20）。

● 能耗控制

1. 严格控制功率密度上限值。

机动车道功率密度限值(CJJ 45)

道路 级别	车道数 (条)	功率 密度值 (W/m²)	对应 照度值 (lx)
快速路 主干路	≥6	≤1.00	30
	<6	≤1.20	
	≥6	≤0.70	20
	<6	≤0.85	
次干路	≥4	≤0.80	20
	<4	≤0.90	
	≥4	≤0.60	15
	<4	≤0.70	
支路	≥2	≤0.50	10
	<2	≤0.60	
	≥2	≤0.40	8
	<2	≤0.45	

图例
LPD:1.20(W/m²)
LPD:0.80(W/m²)

图 5-18 道路照明功率密度分级示意图

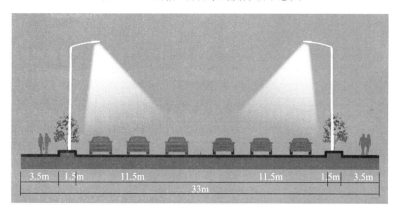

图 5-19 道路照明断面路灯分布图

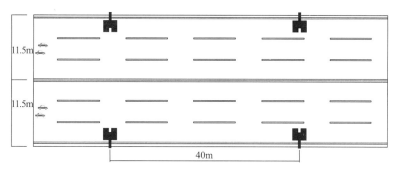

2. 光源灯具参数：结合实际安装条件，提出合理的灯具技术要求。有关光源灯具参数请参阅本系列丛书中《城市道路照明工程设计》相关内容。例如某条道路为沥青路面，道路宽度为14m，路灯安装需满足表5-3的要求，如采用240WLED路灯的光电参数应满足表5-4的要求。

布灯方案表　　　　　　　　　　　　　　　　表 5-2

	道路等级	道路断面	光源	功率	色温	布置形式	灯杆高度	挑臂长度	仰角	布灯间距
道路	次干路	一块板，23m 宽	LED	240W	3000K	双侧对称布置，一灯一头	12m	1.6m	5°	40m

		平均亮度	总均匀度	纵向均匀度	平均照度	均匀度	阈值增量	环境比	功率密度
道路	参照标准	$2.0\mathrm{cd/m^2}$	0.4	0.7	30lx	0.4	10%	0.5	$\leqslant 1$
	设计值	$2.0\mathrm{cd/m^2}$	0.49	0.7	32lx	0.49	9%	0.51	0.52

计算值

图 5-20　道路照明配光示意图

14m 道路路灯安装应满足的要求　　　　　　　　　　表 5-3

路灯安装条件		在左侧安装条件下需满足以下要求
道路类别	次干路	1. 平均亮度 L_{av}（$\mathrm{cd/m^2}$）维持值不低于 $2.0\mathrm{cd/m^2}$ 2. 亮度总均匀度 U_o 最小值不低于 0.4 3. 亮度纵向均匀度 U_L 最小值不低于 0.7 4. 平均照度 E_{av}（lx）维持值不低于 30lx 5. 照度均匀度 U_E 最小值不低于 0.4 6. 环境比 SR 最小值不低于 0.5 7. 眩光限制阈值增量 TI（%）最大初始值不高于 10%
道路宽度（m）	14	
车道数	4	
道路表面材料	沥青	
灯具布置方式	单侧	
灯具安装高度 h（m）	11	
灯具安装间距 S（m）	35	
灯杆与道路之间的距离（m）	0.5	
灯臂悬挑（m）	1.3	
灯具仰角	10°	
灯具维护系数	0.7	

240W LED 路灯应满足的光电参数　　　　　　　　　表 5-4

	系统功耗	$\leqslant 246W$
240W LED 路灯灯头	总流明输出	$\geqslant 26400\mathrm{lm}$
	系统效率	$\geqslant 110\mathrm{lm/W}$
	电气安全	符合现行国家标准《灯具　第一部分：一般要求与试验》GB 7000.1 及《灯具第 2-3 部分：特殊要求　道路与街路照明灯具》GB 7000.203

续表

240W LED 路灯灯头	防护等级	≥IP65
	单灯功率因数	≥0.95
	色温	3000K±200K
	显色指数	≥70
	灯具色容差	≤5SDCM

3. 采用 LED 灯具的特性、安全、材料、结构、电磁兼容及耐腐蚀等方面按相关规范标准提出具体要求。如 240W LED 路灯需满足表 5-4 的要求。

5.5.6 慢行系统

随着低碳进程的进一步加快，慢行系统越来越成为城市道路的重要补充。通过快慢分行，统一协调，区别考虑等措施，支持低碳出行落地。慢性系统照明，也是低碳发展的落实措施之一。

现在各城市都进行了慢行系统的规划，照明应根据场景分类，建立场景设计、选配、实施等方面的规律，总结慢行系统照明与车行道照明的区别及其关注点，规范建设改造流程。根据城市特点，慢行系统一般可分为商业区、公园区、城市广场、滨水步道等不同照明应用场景。也是下一个阶段为保障出行和促进夜间活动的一个发展方向。

5.5.7 主要问题整改建议

根据该城市的特殊因素造成的问题，提出解决方案及建议。

1. 如植被遮挡严重的道路，应根据行道树树种（树冠大小、树高）来设计灯具的安装高度、安装形式、挑臂长度、配光类型。同时，可对管理部分提出行道树修剪周期建议（图 5-21、图 5-22）。

2. 如灯型选择、灯具布置不合理的道路，应建议具体设计时充分考虑路面的亮/照度及均匀度标准值，选择配光合理的灯具（图 5-23）。同时，需注意选择截光、半截光灯型，避免车行视线的眩光及对周边建筑的影响。

树木遮挡严重；
路面潮湿

亮度、均匀度普遍较差

● 新建工程照明，根据树种合理设计灯高、间距与树木的位置关系。
● 改造工程，依据道路类型及时协调修剪树木；并根据树木现状增长挑臂。

图 5-21 树木遮挡路灯应采取措施

图 5-22 道路照明安装案例

- 优化LED灯具配光
LED模组可在不移杆的前提下,改善照明均匀度差的问题。

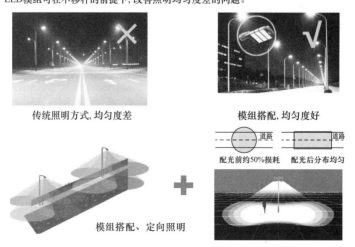

图 5-23 优化 LED 灯具配光

3. 如多雨地区的道路，应建议道路地铺材质充分考虑透水性（图 5-24），以保证路面反射率相对恒定，在路面湿滑时仍可保持亮/照度均匀度不低于 0.2。

● 铺设透水性道路
地面潮湿: 建议选用透水性好的材质铺设道路, 潮湿路面亮(照)度均匀度不宜低于0.2。

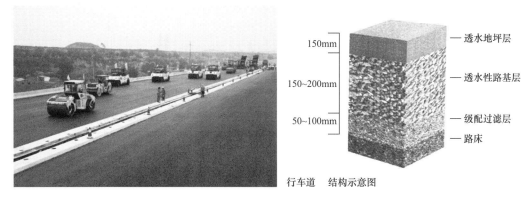

图 5-24　铺设透水性道路示意图

5.6　道路照明管理机制

5.6.1　规划建设

根据住房和城乡建设部《城市照明管理规定》要求，城市照明主管部门应当会同有关部门，依据城市国土空间规划，组织编制城市照明专项规划。编制城市照明专项规划，应当根据城市经济社会发展水平，结合城市自然地理环境、人文条件，按照城市国土空间规划确定的城市功能分区，对不同区域的照明效果提出要求。新建、改建城市照明设施，应当根据城市照明专项规划确定各类区域照明相关要求，并符合国家有关标准规范。

5.6.2　运维管理

城市照明主管部门应当建立健全各项规章制度，加强对城市照明设施的监管，保证城市照明设施的完好和正常运行。

可根据照明设施内容及范围进行养护分级，对各项设施设定养护标准及定价指标，进而形成有针对性的养护策略。城市道路照明运行维护管理详细内容，参阅本系列丛书第五册《城市照明运行维护管理》相关内容。

5.6.3　节约能源

推广使用节能、环保的照明新技术、新材料、新设备和新工艺，开展绿色照明活动，提高城市照明的科学技术水平。可依据城市照明规划，制定城市照明节能计划和节能技术措施。

例如：为加快落实"十四五"期间各项节能减排措施，某城市对市区内运行五年以上路灯进行了全面改造，用 LED 光源替换之前金卤灯、钠灯光源，涉及灯具数 1.8 万盏，总投资约四千万，年节电效益 800 余万，同时照明水平和照明质量得到了有效提升。

5.6.4　分期建设

规划建议几个建设阶段，部分应与主管部门深入讨论制定（图 5-25、图 5-26）。

具体每期建设包含范围、新建及改建、扩建各包含哪些。根据每个城市不同情况而定，以下示例仅为某城市分期建设大纲，具体范围根据每个城市而定：

近期建设
2016至2020年

1　绿色照明示范工程
- 单灯控制系统；
- 高效节能型灯具及光源；
- 综合多功能灯杆；
- 清洁型能源。

2　照明改造提升工程
- 变功率系统提升；
- 亮度、功率密度不达标；
- 灯具陈旧；
- 改善光色及显色性；
- 桥体、人行道照明改造。

3　新建道路照明工程
- 根据城市总体规划同步实施建设；
- 推广应用节能高效LED光源灯具；
- "都会区"普及单灯控制系统。

图 5-25　城市照明近期建设规划

远期建设
2020至2030年
- 服务范围扩大至城市中居住区、背街小巷、城中村、农村集镇、甚至村庄。

序号	项目类型	区域	建设完善内容
1	城中村道路照明改造	都会区	城中村道路、纳入城市道路照明监管体系
2	乡镇道路照明维管细则	都会区以外	验收合格后、委托区级照明主管部门维护管理

- 全面实现智能化监控及管理系统。

序号	项目类型	区域	建设完善内容
1	城市智慧照明系统	都会区	完善建设智慧照明系统
2	乡镇路灯单灯控制系统	都会区以外	统筹管理、纳入城市道路照明监管体系

图 5-26　城市照明远期建设规划

5.6.5　经济核算

照明建设的经济核算应考虑一次建设费、电费和维护费。

例如：照明经济的核算、对比不仅考虑安装、设备费，更应兼顾维护费、电费及基于被照面面积与照明质量等多项经济指标，经济比较见表5-5。

照明经济比较表 表 5-5

区分	序号	项目	单位	方案	
				1	2
照明条件	1	被照区域面积	m²		
	2	灯具数量	只		
照明质量	3	初始照度	lx		
	4	实际设计照度	lx		
	5	初始均匀度			
	6	实际设计均匀度			
安装、设备费	7	灯具设备费	元		
	8	安装配线费	元		
	9	一次设备投资费	元		
	10	每年设备折旧费	元		
维护费	11	每年更换灯数	只		
	12	每年更换材料费	元		
	13	每年换灯人工费	元		
	14	每年清洁费	元		
	15	每年维护费	元		
电费	16	每年电量	kW·h		
	17	每年电费	元		
合计	18	每年照明费	元		
比较	19	每年照明费	元/m²		
	20	每年照明费	元/（m²·lx）		

第 6 章　景观照明规划策略的制定

6.1　构建照明规划控制指标体系

城市照明规划控制指标是城市照明的数量及质量的量化标准,它包括城市照明的各种要素指标的选择以及制定。选择合理的城市照明计量单元,制定合理的照明控制指标有利于城市照明规划方案的执行与审批,有利于城市夜景照明健康发展,有利于整个城市可持续发展及人与自然的和谐共处。2019 年 11 月 15 日《城市照明建设规划标准》CJJ/T 037 发布,对各种指标体系进行阐述、分析,提出了定性与定量相结合的综合指标体系,为规划过程检测和成果评估提供标准。

建立控制指标体系旨在提高规划编制的科学性。选取控制要素、确定指标控制强度的和界定主要指标是建立指标体系的基本程序。

6.1.1　照明规划控制指标体系确立原则

（1）科学性原则

在设计指标体系时,首先要考虑理论上的完备性与全面性,即指标概念明确,具有科学的内涵。指标体系能较客观和真实地反映照明规划的内涵和目标,避免因不同价值观的冲突而导致取向片面性。

（2）全面性原则

城市照明系统涉及城市景观、社会活动、经济及生态发展等诸多方面,指标体系应体现城市照明综合的功能和效益,即景观效益、社会效益、经济效益、生态效益。

（3）独立性原则

在设计指标体系时,如果所选指标变量过少,就可能不足以或不能充分表征系统的真实行为或真实的行为轨迹;如过多,资料难以获取,综合分析过程也很困难,同时难以兼顾决策者应用方便,而且又大大增加了复杂性和冗余度,这就是独立性原则。设计指标体系时,指标体系中应避免相同或含义相近的变量重复出现,尽量选择那些具有相对独立性的变量作为度量指标。

（4）定性与定量相结合原则

指标体系要定性与定量结合,量化的控制指标以规定性指标为主,描述性指标作为开发建设的原则导引,使规划具有一定弹性,以指导性指标为主,两者相结合强化了可操作性。

（5）可操作性原则

指标体系最终用于城市照明规划的编制,指导照明管理者和经营者的开发行为,规范和引导照明单体未来发展与建设,这就要求指标应有可测性和可比性,且内容简明、描述准确。

6.1.2 照明规划控制要素及控制指标的构成

照明规划控制要素与景观照明规划评价价值体系一致，分为社会服务要素、形式美学要素、环境保护要素和经济效益要素。各要素内的具体的指标构成应根据规划研究目的和对象要求而定。

（1）社会服务要素与指标构成

夜间城市照明首先应为人提供夜间出行安全保障，保证基本的功能照明水平，包括对广场等功能区域的平均照度、照度均匀度的控制。

1）平均照度

确定平均照度要综合考虑视觉功效、舒适感与经济、节能等因素。提高照度水平对视觉功效只能改善到一定程度。并非照度越高越好。无论从视觉功效还是从舒适感考虑选择的理想照度，最后都要受经济水平，特别是能源供应的限制，所以，实际应用的照度标准大都是折中的标准。

2）照度均匀度

照度均匀度涉及视觉舒适感，也应作为控制指标之一，以给定平面上的最低照度与平均照度之比表示。制定照度均匀度值应参考国家标准、行业标准或地方标准来确定。

3）照明定位

照明规划应对城市照明提供总体定位，并针对不同特征区域，给予相应的细分。

4）景观照明架构

城市景观照明对象主要是建（构）筑物、园林绿地、名胜古迹、广场、步行街、水景、环境小品等城市开放空间的景观元素。城市景观照明规划综合考虑照明对象所处的位置与环境、历史文化价值、造型特征、吸引力以及对城市轮廓线的影响等因素，分析特征、评估景观价值，对景观照明对象的种类、数量、特点、空间关系、夜间使用频率等方面进行具体分析，通过规划，把个体照明对象、景观节点、景观视廊和景区有机地组织成点、线、面结合的景观照明体系。

5）活动场所分类与分布

通过研究人们公共与私密行为的方式、特征及场所，规划合理的夜间活动场所分布与功能定位，以满足人们对场所的情感、活动需要。照明活动场所的最小分布距离与服务半径，构成网状的夜间活动场所。

（2）形式美学要素与指标构成

照明技术通过光对城市空间中地形、地貌、建筑物、构筑物、绿化植物等组成的各种物质在形态如肌理、色彩、图案、体形、比例、风格、特色等方面的表现，引导、控制观者的视觉体验，从而最终达到夜间景观环境优化的目的。

城市夜间景观是以三维视觉为主的视觉设计领域。因为其环境内部存在着较为复杂的视觉对象，照明规划应运用形式美法则、视觉心理学、视觉和生理学原理，载体的亮度和色彩秩序的分布分配。

1）光源颜色指标

匈牙利教授 J.S chanda 曾在伊斯坦布尔国际照明学术会议上提出，不慎重的使用光源颜色导致城市夜间环境色彩混乱，不仅不能为其带来美感，反而会降低城市环境的品质。他呼吁国际照明委员会（CIE）应当对夜景照明中色彩污染的问题制定相关的规范。物体呈现的颜色是由物体自身的光谱反射比与光源的光谱能量分布共同决定的。城市中景观元素（受照物）的光谱反射比是不变的，决定城市夜间环境色彩的关键是人工光源颜色的选择。

因此，将光源颜色作为量化指标纳入指标体系是必要的，它可以避免上述问题，利于塑造整体空间气氛与美感。

在色度学中，描述某种白光光源的颜色特征通常用色温/相关色温与显色性两个概念。照明采用的白光光源颜色可分为白光光源与彩色光光源。白光光源色表分为三类：暖色表（小于3300K），中性白光（3300~5300K），冷色表（5300K）。显色性划分为低显色性（小于60），中显色性（60~80），高显色性（大于80）。

a. 光源颜色指标控制使用示例

将控制要求分为：受照物表面积50%及以上定义为"主要采用"，受照物表面积50%以下定义为"局部采用"。示例：ⓐ建筑主要采用白光光源暖色表、中显色性，可局部采用彩色光；ⓑ建筑主要采用彩色光，局部光色不限、显色性不限。

b. 光源颜色指标特点

光源颜色指标可量化，有利于规划管理部门监督、实施规划要求及设计单位理解规划意图。同时，光源颜色指标的制定应采取区间范围数值，保留一定的弹性空间，以便于设计单位深化设计。

色彩是一门艺术，对夜间光源颜色的限定不应采用全国统一的要求。规划设计单位可通过规划对象的实际情况，对"主要采用"的受照物表面及百分比进行定义，避免一刀切的模式化处理。

2）被照物表面平均亮度

照明规划通过划分建筑物表面平均亮度等级来控制城市建筑的照明秩序。

a. 表面平均亮度的指标特点

城市夜景照明的开展无疑改变了城市形象，起到了美化作用，但是，如果城市之间、灯光建设单位之间存在攀比风的现象，就会导致城市夜景越来越亮，夜间亮度过高的环境会带来光污染与光侵犯。人们在休息时以及在观看星空或者出于隐私时需要黑暗，即需要照明的同时也需要黑暗，这使得亮度的控制变得很关键。

视亮度的知觉受到同时对比（由于相邻物体的影响而修改视觉亮度知觉）的影响。同样表面亮度的物体在知觉上的亮或暗，决定于其背景或相邻物体表面的亮度。夜间照明由于天空很暗，通常会造成更大的目标亮度对比。因而同样的建筑在不同的城市亮度背景所需的亮度水平是不同的，制定亮度指标可以避免不必要的能源浪费。

规划被照物亮度分布，有益于形成夜间视觉空间上的完整、连贯与秩序。通过对载体的功能、性质及所处环境的分析，分别从城市尺度、街道尺度及人行尺度综合衡量确定载体的亮度指标。

b. 表面平均亮度指标的使用

被照物表面平均亮度指标根据城市背景亮度及功能需要来设定。城市照明规划中可根据建筑物位置、体量、功能划分为5类亮度等级，定义5类亮度等级值上限，用以规范照明深化设计。

3）对比度

a. 亮度对比度

人的视野很广，夜间景观照明对象及其周边景物都会进入眼帘，它们的亮度水平和亮度图式对视觉产生重要影响。第一，构成周围视野的适应亮度。如果它与中心视野亮度相差过大，就会加重眼睛瞬时适应的负担，或产生眩光，降低视觉功效。第二，照明对象主要表面的平均亮度，形成明亮程度的总印象，使人产生相关的形象感受。所以，无论从可见度还是从美观感的角度，照明对象与背景环境之间、自身主要立面与次要立面之间保持合理的亮度分布都是完全必要的。对于城市景观照明而言，舒适的亮度对比大致可控制在1∶5～1∶3。

b. 颜色对比度

同时或相继观察视野中相邻两部分颜色差异的主观评价。色彩对比分为色调对比、明度对比和彩度对比。颜色的对比和适应能影响人的主观感觉。夜景照明中不应出现不协调的颜色对比；当装饰性照明采用多种彩色光时，应当事先进行验证照明效果的现场试验。

4）动态分布

剧烈变化的多媒体屏幕可能对附近的居民造成干扰，立交桥两侧快速变化的发光灯带可能为司机的行驶安全带来隐患。对受照物照明效果的动态控制可以避免整个环境陷入混乱或不恰当的气氛中。照明规划中，对动态变化速度划分静态、缓慢动态、剧烈动态，针对不同情况给予受照物控制要求上限，并在规划中明确速度范围，实现有效地控制。

（3）节能环保要素与指标构成

近年来，我国的城市照明事业飞速发展，照明设施数量高速增长，为避免照明建设带来的光污染、能源浪费等负面问题，围绕绿色低碳，坚持高质量发展，照明规划应提供有效的能源管理、眩光与光污染控制策略与要求，避免过度发展、控制眩光、保护暗天空。

a. 眩光控制

景观照明应以眩光限制作为控制指标之一。照明规划中应参考现行行业标准《城市夜景照明设计规范》JGJ/T 163 中的规定，对阈值增量（度量的是对机动车驾驶员的眩光限制程度。用以限制非道路照明设施对汽车驾驶员产生的眩光。）及居住区和步行区照明设施对行人和非机动车人员产生的眩光限制值进行规定。

b. 上射光通比

灯具上射光通比限值是评价夜空光污染的重要指标，照明规划可参照《城市夜景照明设计规范》JGJ/T 163 与《室外照明干扰光限制规范》GB/T 35626 中的相关指标，结合对人工照明的光源种类、亮度、角度等限制，制定相应的暗天空保护要求，以减少不必要的夜空光污染，给动植物留下赖以生存的夜间环境，给人们留一片可仰望的星空。

c. 功率密度

为了实施绿色低碳照明，节约用电，应对常见的亮度超标问题，把功率密度（总耗电量与受照面积之比 LPD）作为照明规划控制指标。照明规划中应对不同规模和环境区域的城市开放空间、建筑物照明的功率密度值进行控制。功率密度值的确定要考虑三个因素的影响：材料反射比、洁净度、环境亮度。《城市夜景照明设计规范》JGJ/T 163 对不同环境亮度、不同反射比、不同材料及颜色的建筑立面的功率密度有所规定。

d. 照明设备效率及效能

照明设备效率从全寿命经济的角度衡量来确定指标具体值。在满足眩光限制和配光要求的条件下，应选用灯具效率或灯具效能值高的灯具，并应符合《城市夜景照明设计规范》JGJ/T 163 中对各类灯具在不同相关色温颜色下的具体规定。

（4）经济效益要素与指标构成

a. 夜间旅游规划指引

城市夜景作为城市旅游观光的组成部分，城市景观照明规划可根据夜间景观的内容与特征、景点主次关系、游人视点、视线及观赏序列等因素，综合游人的交通类型，选择标志性景观，组织景观照明对象，形成多种类型的观景路线，吸引游人，促进城市夜间旅游活动。

b. 分期建设计划

照明建设计划应当与城市建设发展相配合，优先建设能够形成城市夜间景观架构的对象，同时照明对象视觉控制范围大影响大的对象及照明现状与规划的差距大的作为优先建设的对象。城市照明的分期建设计划，可根据城市的发展不断调整。

6.1.3 景观照明规划控制指标的分类

景观照明规划控制指标分为规定性指标和指导性指标。

规定性指标是关键，它是为严肃城市景观照明规划的法律性和管理的科学性、严肃性而由规划人员设定的，在进行景观照明规划管理时，它是必须具备而且不能被突破的。规定性控制指标通常以量化指标为主，为照明设计提供上限要求；少量规定性控制指标为描述性指标，对照明的总体定位和布局作出明确要求。

指导性指标是指在一定要求之下，尚有选择余地的指标，可以根据规划用地的要求及其周围环境的具体条件灵活选用。指导性指标的制定是以创造高品质和现代化标准的城市夜间环境为目标，依照美学原则，从城市夜间景观环境对建筑单体和建筑群体之间的亮度、色彩关系出发，提出指导性的综合设计要求和建议，以描述性指标为主，见表6-1。

景观照明规划控制指标体系 表6-1

控制要素	控制类别	控制内容	规定性指标	指导性指标
社会服务	照明定位	城市照明定位	⊙	
		分区照明定位	⊙	
		照明景观架构	⊙	
	场地分布	夜间活动场所分类		⊙
		夜间活动场地分布		⊙
	安全保障	开放性空间照度水平	⊙	
		开放空间照度均匀度	⊙	
形式美学	视觉控制	光源颜色	⊙	
		动态分布	⊙	
		平均亮度	⊙	
		对比度		⊙
节能环保	环境保护	眩光阈值增量	⊙	
		眩光限制值	⊙	
		上射光通比	⊙	
	节约能源	功率密度	⊙	
		照明设备效率		⊙
经济效益		夜间旅游规划指引		⊙
		分期建设计划		⊙

6.1.4 规划控制方式

针对不同用地不同的保护和开发过程，应采用多手段的控制方式，包括指标量化、条文规定、图则标定等控制方式。

1）指标量化的控制方式是指通过一系列控制指标对景观照明建设用地进行定量控制，如建筑立面功率密度，照（亮）度水平，可参考国家规范或行业规范，并根据具体情况进行调整，但不应超过国家上限。

2）条文规定的控制方式是指通过一系列的控制要素和实施细则对景观照明规划对象进行定性控制，如城市照明定位、分区照明定位策略等。

3）图则标定的控制方式是指用一系列控制线和控制点、面对用地、设施和建设要求进行定位控制，如照明区域划分等。

6.2 城市景观照明分区控制策略

城市景观照明分区控制策略就是通过对城市进行区域划分，使众多的照明对象有适当的区划关系，针对不同性质的地块提出地块内照明载体的照明策略和照明上限指标。

6.2.1 目标

策略的目标是使城市景观照明规划能够提供在时间和空间上"全覆盖"的照明控制策略，为城市管理部门提供管理依据，避免城市景观照明过度发展；展现和突出照明对象的区域特点，增强城市景观照明的区域识别性。

6.2.2 分区的方法

城市景观照明区域的划分方法，可根据具体城市或区域情况以及规划主要目标而定，以获得针对性的规划策略。这是城市景观照明规划的核心内容之一。为了保证景观照明分区控制策略的可操作性，城市景观照明规划分区应遵循以下基本原则：

（1）对同类分区，其规划对象的特性及其存在环境应基本一致；

（2）对同类分区，其区域特性及相应的照明规划原则、措施应基本一致；

（3）应尽量保持原有的自然、人文、城市功能等单元界限的完整性。

较常用的分区方法主要有以下几种：

（1）按环境亮度划分

目前国际上普遍的按环境亮度划分区域的做法是将环境区域分为 E0、E1、E2、E3、E4 五类。E0 区为天然暗环境区，如国家公园、自然保护区和天文台所在地区等；E1 区为暗环境区，如无人居住的乡村地区等；E2 区为低亮度环境区，如低密度城乡居住区等；E3 区为中等亮度环境区，如城市或城市居住区及一般公共区等；E4 区为高亮度环境区，如城市或城镇中心区和商业区等。这种分区方案最早由英国照明学会（ILE）的《降低光污染指南书》中提出，国际照明委员会（CIE）的《限制室外照明设施产生的光干扰影响指南》No.150（2003）和北美照明学会 IESNA，以及我国的《城市夜景照明设计规范》JGJ/T 163 都使用了这种分区方式。

这种分区方法，有利于在制定分区照明策略时，根据环境亮度的不同，限制不同分区内载体表面亮度及相关指标，对于能耗控制和防治光污染较为有效。如丹佛的照明规划中的照明区划就是采用这种方法。但由于按照分区方法，城市基本仅能分为 E3 和 E4 两类区域，对面积较大的城市来说过于简单，且无法针对区域的不同，制定光色、照明氛围等其他和美学相关的照明策略，不利于形成城市夜间的区域可识别性；分区也无法较方便的针对城市未来的发展进行自我调整，解决不了提供时间上全覆盖照明策略的问题。

（2）按景观特征划分

按照地块的设计风格、年代等景观特征分区的方法。如德国爱森琳根照明规划将市中心的街道分为中世纪街道、巴洛克街道、19 世纪街道和 20 世纪的环城道路四种类型；莫斯科照明规划划分了以历史建筑居多的老城区与以现代建筑居多的新城区。

这种分区方法，有利于在夜间形成非常强烈的区域识别感。但是仅适用于大部分区域拥有突出的可区别于其他区域的景观特征的城市。

（3）按功能划分

指按照城市用地功能的特点来划分区域。这是一种国际上景观照明规划中最常用的分区方法。如：伊斯坦布尔照明规划将城市按照功能的不同划分为历史区域、艺术文化娱乐区域、运动场所、工业区域、商业展览区域、居住区域、公园绿化区域；新加坡将中心区分为四个区域，分别为主开放空间、文化区、娱乐区、商业区。

不同功能的地块，对于照明氛围的要求差异很大。按功能分区较利于通过制定亮度、光色、动态、照明氛围等多种照明对象控制策略，增强区域的夜间可识别性。如：山东省潍坊市城市夜景照明根据不同环境区域建筑物泛光照明的亮度、照度、光色划分为五个照明区域（图 6-1）。分区可以城市规划中用地功能属性为依据，保证依据的可靠性和获得的

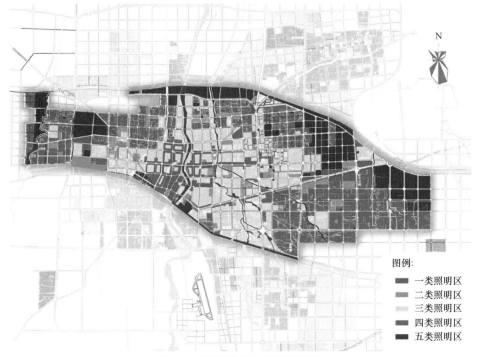

图例：
■ 一类照明区
■ 二类照明区
□ 三类照明区
■ 四类照明区
■ 五类照明区

图 6-1　潍坊城市景观照明区划

便捷性，也可以较方便地利用其他规划成果，解决规划面向未来城市发展的问题，提供时间和空间上"全覆盖"的控制策略。

在城市景观照明规划中可协调采用功能划分、景观特征划分、环境亮度划分等多种方法，解决好各分区间特征区分、区间过渡与整体协调关系，可对历史文化保护区等特殊区域单独区划并提出针对性规划要点。

6.2.3 分区提出景观照明对象的照明要求

规划对不同的景观照明对象（建筑物、桥梁、植物、水景等），应根据其所处景观照明区域结合其本身特性，提出相应的照明要求，包括光色、照明水平、能耗、照明设施等规划要求。城市景观照明规划分区的目的是避免过度照明，因此提出的相应指标均为上限，分区内照明对象的照明强度、动态剧烈程度、彩光运用比例可低于设定要求，但不能超出。

制定景观照明对象的照明要求，除了要考虑照明对象所属的景观照明分区外，还需要考虑其面临的主要道路的特征。对景观照明道路进行分类，是以城市空间形态和临街地块使用功能属性作为主要考虑因素。应根据主要道路沿街垂直界面特性进行分类，并根据这些照明对象特性提出与其相适应的光色、照明水平、照明设施等照明规划要点。

在对景观照明对象提出相应的照明对象时，还应包含对广告和标识照明的控制手段。广告和标识照明是景观照明的重要组成部分，也兼有宣传和指引的功能，特别是在商业区。这类照明的特点是耗电量大，形式多样且有时兼有动态效果。应根据城市广告规划的相关规定对广告标识照明的照（亮）度水平、照明方式、色彩和动态效果严加控制，避免出现浪费能源、光污染、干扰交通、视觉混乱等不利影响。

6.3 城市夜间形象特色策略

城市夜间特色策略，指的是选择具有城市特色的景观区域、路径和节点，提出相应的照明主题和指标，组织形成明晰的城市夜间景观架构。

6.3.1 目标

确定城市夜间景观架构（点线面关系、重要性排序、灯具系统），建立清晰的、与白天相应的、富有特色的城市夜间意象。

6.3.2 选择照明对象

搭建城市景观照明空间架构的第一步是筛选照明对象。如何对照明对象进行分级排序，最终选择能够构成城市意象的载体，是城市景观照明规划的核心问题之一。很多城市在这方面做了探索和研究。早期如里昂，由照明设计师踏勘后，主观指定较重要的29个重要景点，进行照明建设；稍后如伊斯坦布尔，对建筑提出按交通状况、建筑价值、对城市轮廓线的影响、历史价值、建筑质量五项标准分别打分，从而决定照明优先级排序。再后如罗马,根据建造年代、地块功能、空间形态等属性将城区分类,找出"性质相近城区",分别提出照明对策,飞利浦照明设计与应用中心(LIDAC)的方法恰恰与之相对,先提出特定属性,尔后分层次选择与该属性对应的城市要素作为照明对象,总的说来,欧洲较"物化",逻辑性强,着重于物质要素的各种属性分析、归类,照明规划如编写计算机程序,人的参与仅局限于视线分析;相比之下,亚洲比较富"人情味",在要素选择与组织上,较注重人的行为与环境之间的相互关系和作用,以及对活动模式的研究,如汉城、横滨等的照明规划,在选择重点照明要素时,市民活动的当前状况和潜在需要,都是关键性的考虑因素。

照明对象是完善夜间城市功能、塑造城市形象的照明载体。照明对象评价就是考察、研究、判别各类照明载体在功能和景观方面的价值,给予正确、恰当的评估,据此评估结果筛选、确定照明对象。因而,照明对象评价实际上从现状调查阶段即已开始,对象分级排序则在进入正式文字图表汇总处理阶段进行。

照明对象分类既应该遵循科学分类的通用原则,又要兼顾照明及其相关学科分类的专门要求。照明对象的分类与排序必须在真实资料的基础上,将现场勘查与文献资料分析相结合,实事求是地进行。照明对象可分为大类、中类、小类三层结构。其中大类是照明对象的结构层,包括功能设施、自然资源、人文资源三项;中类是照明对象的种类层,其自然属性相对一致,或功能属性大致相同;小类是照明对象的形态层,是照明对象调查的具体目标,见表 6-2。

照明对象分类表 表 6-2

大类(结构层)	中类(种类层)	小类(形态层)
功能设施	交通设施	立交桥、人行天桥等道路设施
		交通型广场、集散型广场、街角广场等城市广场
自然资源	地景	山景、古树名木
	水景	江河、湖泊、瀑布
人文资源	建/构筑物	纪念建筑、交通枢纽、文化建筑、风景建筑、商业建筑、办公建筑
	园景	历史名园、公园、专类游园
	胜迹	遗址遗迹、游戏、娱乐、文体场地
	公共艺术品	雕塑、喷泉

照明对象系统的构成是多层次的,不同层次、不同类别的照明对象之间,难以简单的相互类比。应在同层次或同类型的照明对象之间进行评价,对照明对象进行分级与排序。

通常,在总体规划或分区规划阶段,宜在照明对象结构层或种类层选择评价对象和评价单元;在详细规划阶段,宜在照明对象形态层中选择评价对象和评价单元。

照明对象评价可对所选评价指标进行权重分析,评价指标的选择可参考表 6-3,并符合下列规则:

(1)对整个城市或较大城区部分进行评价时,宜选用综合评价层指标;

(2)对特殊区域或群体进行评价时,宜选用项目评价层指标;

（3）对个体照明对象进行评价时，宜选用因子评价层指标。

照明对象评价指标层次表　　　　　　　　　　　表 6-3

综合评价	赋值	项目评价层	权重	因子评价层
功能价值		交通安全		交通流量、复杂性
		提供信息		定位定向、受众数量
景源价值		欣赏价值		美感度、人文价值、知名度
		视觉控制		高度、体量、环境关系
		游憩价值		舒适度、承受力
环境影响		干扰程度		光污染、时段分布、环境协调
		生态保护		动物、植物、天空亮度
经济影响		商业价值		吸引消费
		旅游价值		吸引游人停留，鼓励夜间出游
政治影响		城市形象		代表性、历史价值、国际交往
		生活质量		安全感、便捷性、可靠性

6.3.3 组织照明对象，构建景观照明架构

分析景观照明对象的特征、评估其景观价值后，对景观照明对象的种类、数量、特点、空间关系、夜间使用频率等方面进行具体分析，确定照明对象的范围和重要性分级。然后，依据城市照明发展目标、城市景观特征和城市夜间活动规律来确定规划布局（图 6-2），从城市空间尺度把个体照明对象、景观节点、景观视廊和景区有机地组织成点、线、面结合的景观照明体系，清晰体现城市夜景观的观赏序列，构成主次分明的城市夜景架构（图 6-3）。景观照明对象在亮度、光色、照明动态变化上应主次分明、富有层次，互相协调。

在搭建城市景观照明架构的过程中，还应选择具有视觉标志性的建（构）筑物或夜间人群活动密集场所，确定景观照明标志与节点分级，并按不同等级提出照明要求。为标志性建筑提供景观照明可以起到帮助行人和游人夜间定向定位，使城市夜间形象更加丰满、完整。

图 6-2　罗马市中心照明控制性详细规划

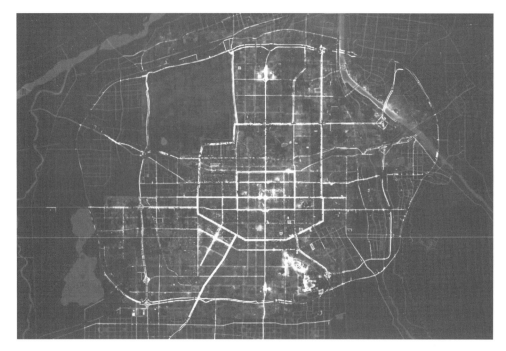

图 6-3　西安城市景观照明架构

6.3.4　明确架构中照明对象的照明要求

为了能够有效指导下一级景观照明规划或设计，城市景观照明规划应根据照明对象的不同景观价值确定其在景观架构中的地位，提出相应的照明主题、照明指标（亮度等级、照明光色、动态效果、功率密度等）。由于提出景观照明架构的目的是建立鲜明的视觉秩序，因此这些指标应得到准确的执行。

构成城市景观照明架构的载体照明要求的提出，尤其是照明主题的提出，要综合考虑当地的地理文化特征和风俗民情，形成区别于其他区域和城市的独特的照明效果，凸显城市特色，使市民产生归属感。

6.4　城市夜间活动组织策略

6.4.1　目标

促进居民和游客的夜间活动，促进夜生活的繁荣发展，包括满足人们夜间休闲活动需要、促进夜间旅游的发展、在节日庆典活动期间提供夜间视觉景观，营造活动的节日氛围。在满足人的夜间活动需求的同时，促进夜间经济的发展。

6.4.2　意义和方法

城市景观照明在本质上是为夜生活创造空间、完善空间。城市景观照明是实现夜生活场所氛围的主要手段。鼓励市民和游客夜间活动、促进夜生活的繁荣发展，既可以直接为城市带来经济增长，又为城市景观照明建设提供了物质经济基础的保障，为景观照明提供了实现的可能性。另外，城市的夜间活动本身，也往往是构成城市夜间景观的重要组成部分。因此，城市景观照明规划的核心任务就是组织引导城市夜间活动，即所谓以"人"为中心的规划。

城市景观照明要在完善现有夜生活公共空间的同时，注重建设引导潜在的空间。城市自发形成的夜间活动往往集中于商业餐饮，户外活动类型相对单一，因此在规划中除了要考虑当前城市夜间活动的时间和空间分布外，还需在广泛调研的基础上，了解城市居民和外来游客的实际活动需求，有的放矢，改善并创造适宜的空间，来引导、鼓励多种夜生活的发生和发展（图6-4）。

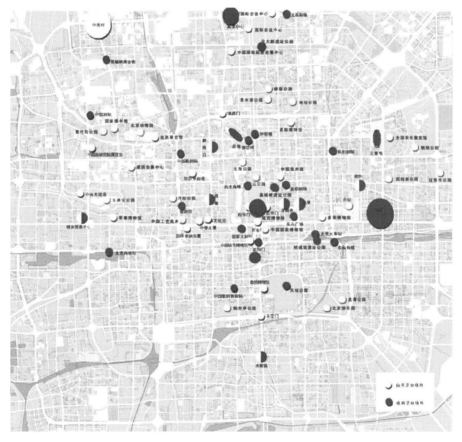

图 6-4　北京城市夜间活动调查分析

在确定实际活动需求后，可根据活动特征做出多种分类，如室内与户外活动，相对静态的与动态的活动，自发性的与必要性的活动，消费型的与非消费型的活动，个人性的与参与性的活动等等。不同环境下各类活动中人对照明的心理需求不同，可据此提出相应的改善策略。比如在必要性活动场所照明要保证照度，对光色是否丰富要求不高。而自发性活动对照明品质要求较高，如公园、广场等场所适宜散步休闲，色温高的光源会使人感觉过于冷肃，不宜使用；表观亮度过高的光源会使人心神不安，得不到放松，也不宜使用。

　　城市景观照明规划中对人的夜间活动主要关注户外自发性的、娱乐性的活动和社会性的活动。景观照明规划可将其分为平日夜间活动和节日庆典夜间活动两种来进行研究，前者景观照明的实现手段主要通过固定照明设施，是景观照明规划的主要规划对象，按照活动主体的不同又可以再细分为市民的夜间休闲活动和游客的夜间旅游活动。

6.4.3　夜间休闲活动组织

　　市民夜间休闲活动可以分为消费型和非消费型两种。

　　消费型活动主要包括餐饮、购物、娱乐、主题文化活动等。由于可带来经济效益，夜间消费型活动场所的形成具有较强的自发性，更多依赖城市规划中对商业网点的布局。景观照明规划对其的主要任务是通过制定照明要求，形成利于吸引人流，促进消费的商业照明氛围，拉动夜间经济。

　　而相对制定有针对性的照明要求来说，合理的布局对夜间非消费型活动的组织则更为重要。根据在广州进行的市民夜生活调查统计（图6-5）可以发现，由于夜间活动时间有限，可达性对市民非消费型活动的限制很大，活动地点相对集中而且市民对增加非消费型夜间活动场所的愿望非常迫切。

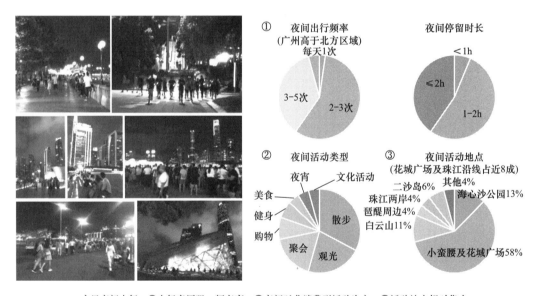

·市民夜间出行：①出行意愿强，频率高；②夜间以非消费型活动为主；③活动地点相对集中

图6-5　广州市民夜生活调查统计
资料来源：北京清华同衡规划设计研究院

　　夜间非消费型场所主要包括公园绿地、广场、体育场馆、社区内部游园等，大部分属于公共设施。其布局的原则主要是保证居民在可接受的出行距离内的可达性。其与居住区的距离可以参考城市绿地布局以500m（5分钟可达）为宜的原则，根据不同城市规模情况适当调整（图6-6）。

　　非消费型活动场所的照明要求，需根据不同的场所性质而定。对于城市级的会客厅、重要的综合公园、城市广场，照明应重点关注城市的特色营造，融合丰富体验，形成高品质的夜间游览与活动交往的活力中心；社区公园则主要在于保障夜间市民活动安全，完善基础照明，打造温馨的小微空间。

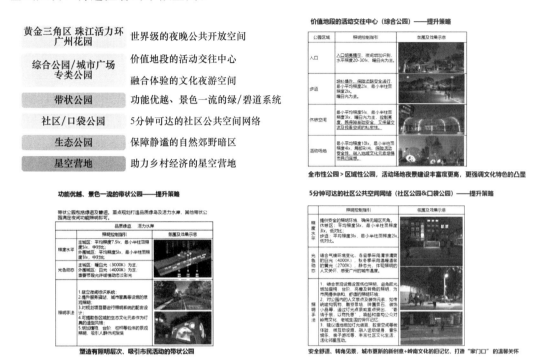

图6-6　广州夜间休闲活动组织

6.4.4　夜间旅游活动组织

城市夜景已经成为城市旅游观光的一个组成部分，夜间旅游活动的组织，关键在于旅游线路的构建。城市景观照明规划可根据夜景观的内容与特征、景点主次关系、游人视点、视线及观赏序列等因素，并考虑游人的交通类型和用餐、休闲购物等需要，精心组织景观照明对象，形成不同时段、多种类型的旅游路线，吸引游人，促进城市夜间旅游活动。

城市夜景旅游发展的主要内容包括城市特色夜景旅游、城市夜间游憩商业区、社会资源的旅游化和城市夜间旅游产业集群。

（1）城市特色夜景旅游

城市特色夜景旅游吸引物主要指对外地游客有较大吸引力的夜景景区、景点。景观照明专项规划可通过建立特色的夜间城市形象和夜景旅游线路（图6-7），提升城市夜晚观光旅游的吸引力。

（2）城市夜间游憩商业区

夜间游憩商业区（RBD）是指夜间城市中以游憩与商业服务为主的各种设施（购物、饮食、娱乐、文化、交往、健身等）集聚的特定区域，是城市游憩系统的重要组成部分，简单地说就是夜间城市内具有消费吸引物、吸引大量旅游者的零售商业区。

（3）社会资源的旅游化

国际上城市旅游发展的经验和趋势表明，整合一个城市的社会公共资源将其转化为旅游观光产品，是增强城市吸引力的重要途径，措施之一就是在诸多公共项目上进行更新和

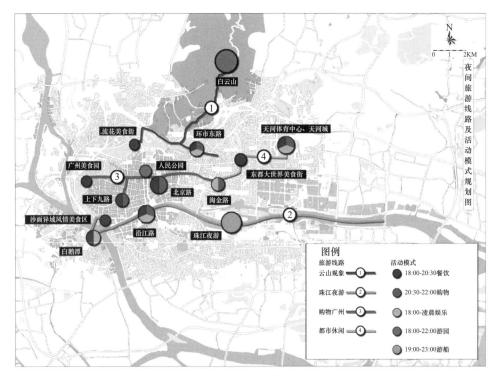

图 6-7　广州夜间特色旅游路线

再创造，在不影响原先功能的基础上，把公共产品直接转化为旅游产品。例如，重点建设特色街、标志性建筑景观、桥梁、海港等的景观照明。

（4）旅游产业集群

城市夜景旅游的景区、景点大多分布于中心城区，具备形成旅游产业集群的条件，各景区、景点可优势互补、相互协作、共同宣传、加强联系与组织，形成不同主题的夜景旅游线路。在对外宣传中也可将景区、景点捆绑在一起，提高旅游产品的吸引力和竞争力。除景区、景点外，可配套发展旅游住宿、旅行社、旅游车船等核心产业和餐饮、娱乐、交通、购物等相关产业，壮大夜景旅游产业规模，增加旅游综合收入。

6.4.5　节日庆典活动组织

结合历史、风俗、人文、地域、重大事件，选择固定时间，不定点的举办具有城市特色的灯光文化节，与夜间餐饮、旅游、娱乐、文化等功能相结合，设定照明主题和形式，可以创造夜间活动的活跃点和经济增长点，提升城市夜间特色和魅力。

节日庆典照明场地的选择应基于城市景观照明规划与架构，经过城市文化及特色代表性、可达易见性、景点影响力等要素的评估，组织好夜间庆典活动的同时，还要考虑市民的交通出行效率（图 6-8）。

节日庆典可较多使用临时性的照明设施。灯光表演设施设置应根据场地状况选择适合的手段。综合性灯光表演多应用于视野开阔、面积较大的场地，以服务于更多的观众，形成较大的影响力；也可采用较为独立装置小品等创意的手段运用于小尺度场地营造戏剧性的气氛。

夜间节事活动

花城看花	传统体验	展会赛事	文化风尚	时尚潮流
音乐节	民俗活动 迎春花市 赛花灯会 …	涂鸦夜跑	广州文交会	音乐节夜场
美食节		夜间赛事	广州美食节	房车旅游
春节假日	传统节庆 国庆 中秋 …	广交会	羊城之夏	文创集市
时尚活动		展览发布	粤韵名家 周末大舞台	广州国际 灯光节

通过挖掘本地节事文化及夜间活动特征,将文化元素注入到夜间活动组织中,在现有"Young城Yeah市"(羊城夜市)、广州国际灯光节等夜游品牌基础之上,通过策划各类主题活动,擦亮"广州之夜"旅游品牌,推动广州夜间消费发展,创造丰富的文化生活。

夜间节事活动——展会赛事

夜间节事活动——传统体验

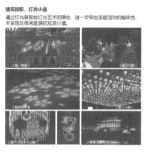

夜间节事活动——花城看花

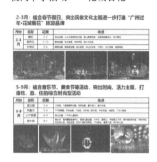

图 6-8　广州夜间节日庆典活动组织

6.5　节能环保照明策略

"绿色照明"是一种可持续发展的照明策略。其基本原则为环境保护、节约能源。通过规划的控制要求,以最少的资源实现在不降低环境质量和不破坏世界自然资源基础上的绿色照明。景观照明应考虑城市的经济发展水平和环境承载能力,对景观照明对象的规模、数量予以严格控制,从源头上节约能源、保护环境。

6.5.1　节约能源

当前,能源问题已成为我们面临的重要挑战之一,节能应成为中国的城市照明建设需要考虑的重要问题之一。目前城市景观照明的建设较为粗放无序,通过采用科学的城市照明设计与管理手段,还会有很大的节能空间。

通过对城市照明对象的选择和分级、选择合理的照明方法,对照明单位面积能耗控制,选择高效的优质照明产品及对供配电系统及运行高效管理,能够有效节约能源。

(1) 分层次确定照明对象

科学的城市照明规划应对城市夜间的光色、亮度分布作出有序的安排,并非简单的全部亮起来,相反有些区域,有些对象不处理或处理得较暗,不仅有利于节电,还能更好地突出重点。选择对象:城市照明应选择具有美学或历史价值的载体作为照明对象,缩小照明对象范围可以有效地减少能源消耗。确定重点的方法:从整个城市的夜间效果出发，遵循基底与地标的清晰对比关系原理，根据人的视觉心理要求，并充分考虑照明可能对相邻地区产生的影响，找出并控制照明重点的数量和分布。分清层次：为使城市的夜景观既富于秩序感，又具有丰富感和识别性。应调整和确定区内的照明对象的等级排序，考虑因素包括建造年代（历史价值）、功能、建筑的使用频度或使用者的密度、建设的可行性、建筑价值、对城市轮廓线的影响以及建设的合法性等等。设计者应综合考虑这些相关因素，给每个可能的照明对象打分，并根据每个照明对象的累计分数排出次序，给城市景观照明规划设计当中重点照明对象的选择，提供有力的依据。亮（照）度适当：做到主次兼顾，亮度分布有层次，避免互相攀比、追求高亮（照）度导致浪费能源。在城市亮环境下载体普遍提高 $1\sim2cd/m^2$，人眼几乎感觉不出，但从节能看却意义重大。据有关资料，以重庆都市区为例，景观照明亮度平均提高 $2cd/m^2$，则每小时增加能耗 10 万 kWh。

（2）选择合适的照明方式

照明设计手法并无固定模式，要在获得好的照明效果的同时，达到节电的目标，就应在分析照明对象的功能、特征、风格、周围环境条件、主要视点视距的基础上，具体分析并提出合适的照明方式。例如，城市景观照明节能的一个趋势是尽量不用大功率投光灯远程照亮建筑立面，而改用小功率投光灯近距离照射，既有利于节能和环保，对建筑细部也能有更细致的表现。

选择照明方式时应考虑全寿命经济的概念，对照明设施后续的维护费要纳入考量（其中电费占有很大的比重），在资金投入上寻找平衡点。

（3）制定照明功率密度

对于城市规划管理而言，对可控制的照明设施应建立明确的节能标准，对规划中确定的各类景观照明项目提出能耗指标和用电量，其目的一是与照明节能标准对照，评估节能效益；二是对城市照明用电量进行预测，预知用电需求。

现行行业标准《城市夜景照明设计规范》JGJ/T 163 规定，对建筑物立面景观照明的功率密度已经提出明确的标准。一些地方标准，如北京市地方标准《城市夜景照明技术规范》DB11/T 388.4 中对建（构）筑物夜景照明的照明功率密度也有限定。照明功率密度限值长期来看是一个动态标准，随着照明科技的进步，光源和灯具效能的提高，照明功率密度也会相应的紧缩（表6-4）。

建筑物立面夜景照明的照明功率密度值 表6-4

建筑物饰面材料		城市规模	E2 区		E3 区		E4 区	
名称	反射比		照度 (lx)	功率密度 (W/m²)	照度 (lx)	功率密度 (W/m²)	照度 (lx)	功率密度 (W/m²)
白色外墙涂料，如白色外墙釉面砖，浅冷、暖色外墙涂料，白色大理石	0.6～0.8	大	30	1.3	50	2.2	150	6.7
		中	20	0.9	30	1.3	100	4.5
		小	15	0.7	20	0.9	75	3.3
银色或灰绿色铝塑板、浅色大理石、浅色瓷砖、灰色或土黄色釉面砖、中等浅色涂料、中等色铝塑板	0.3～0.6	大	50	2.2	75	3.3	200	8.9
		中	30	1.3	50	2.2	150	6.7
		小	20	0.9	30	1.3	100	4.5

续表

建筑物饰面材料		城市规模	E2 区		E3 区		E4 区	
名称	反射比		照度(lx)	功率密度(W/m²)	照度(lx)	功率密度(W/m²)	照度(lx)	功率密度(W/m²)
深色天然花岗石、大理石、瓷砖、混凝土、褐色、暗红色釉面砖、人造花岗石、普通砖	0.2～0.3	大	75	3.3	150	6.7	300	13.3
		中	50	2.2	100	4.5	250	11.2
		小	30	1.3	75	3.3	200	8.9

（4）选择高效的照明产品

选择高效、节能、环保的光源、灯具和电气附件是实施绿色照明的物质基础。我国绿色照明光源的技术水平和产品质量正在不断上升，推进照明产品的更新换代、提高照明的系统效率，可以节省大量能源。推广应用高效能的照明产品是照明节能的基本策略之一。目前照明器材市场尚不规范，因此有必要在城市照明规划中强调采用符合国家照明能效标准的照明器具。

（5）照明控制节能

为了对城市照明进行科学的管理，保证城市照明高效运行，并进一步挖掘节能潜力，应将照明控制纳入照明节能规划。智能化照明控制一方面可以节约能源，降低运行费用；另一方面便于照明管理，可以对城市照明状况采取实时监控，发现故障并及时排除。此外，将景观照明，特别是建筑立面照明的控制分为节电、观景、庆典等不同的照明模式，在平日、节假日及重大节日分别采用分时段、分模式设置，以节约能源并丰富景观照明的艺术效果。

6.5.2 保护环境

保护环境是绿色照明的核心宗旨。电气照明在对人类社会进步和生活美好发挥积极作用的同时，也可能对环境造成污染。因此，绿色照明的首要目的就是防治由照明所造成的光污染。

近年来随着夜景照明的兴起，城市照明滥用灯光干扰天文观测和居民生活、影响动植物生长等现象时有发生。这种"光污染"和"光干扰"显然是和绿色照明的环保宗旨背道而驰的，迫切需要通过立法和采取各种积极措施进行治理。

预防光污染主要可通过减少有害物质的排放，控制载体亮度及动态，减少逸散光来实现。

（1）减少有害物质的排放

首先，应该消除在照明器材生产、使用和回收过程中对人和自然环境造成的直接危害。例如，现阶段，城市照明中已较少使用含有对人体有害元素（汞）的荧光灯、汞灯，清洁光源如 LED 灯的使用日益广泛；此外，还可采用导光系统、储能装置等充分利用天然光照明。

（2）控制载体亮度及动态，避免干扰光

对城市景观照明划分区域，针对各类照明区内建构筑物、开放空间制定相应的亮度水平及动态分布要求，避免照明对周边居民的光干扰。国际上很多国家颁布了对于光干扰的限制条文：CIE 干扰光技术委员会（CIE/TC 5—12）的《限制室外照明干扰光影响指南》中，规定了建筑物立面亮度或标识亮度，阈值增量；英国照明学会 ILE《城市照明指南》

中规定了对不同城市背景亮度下推荐的建筑立面照明亮度标准；澳大利亚1997年制定了《限制室外照明光干扰》AS 4282—1997，对熄灯时段室外灯具朝向居室方向的最大发光强度值进行了规定；国内2009年开始实施的《城市夜景照明设计规范》JGJ/T 163和《室外照明干扰光限制规范》GB/T 35626中对各类照明区域建筑立面和标识面的平均亮度、照明灯具朝居室方向的发光强度最大允许值、居住建筑窗户外表面产生的垂直面照度最大允许值进行了规定（表6-7）。在规范的要求下，灯光按需分配，同样可以达到美观的效果（表6-5、表6-6）。

建筑立面和标识面产生的平均亮度最大允许值 表6-5

照明技术参数	应用条件	环境区域			
		E1 区	E2 区	E3 区	E4 区
建筑立面亮度 L_b（cd/m²）	被照面平均亮度	0	5	10	25
标识亮度 L_s（cd/m²）	外投光标识被照面平均亮度；对自发光广告标识，指发光面的平均亮度	50	400	800	1000

夜间照明灯具朝居室方向的发光强度的最大允许值 表6-6

照明技术参数	应用条件	环境区域			
		E1 区	E2 区	E3 区	E4 区
灯具发光强度 I（cd）	熄灯时段前	2500	7500	10000	25000
	熄灯时段	0	500	1000	2500

居住建筑窗户外表面产生的垂直面照度最大允许值 表6-7

照明技术参数	应用条件	环境区域			
		E1	E2	E3	E4
垂直面照度 Ev（lx）	熄灯时段前	2	5	10	25
	熄灯时段后	0	1	2	5

（3）消除夜空光污染，减少逸散光

为保护好自然夜空景观，减少逸散光，照明系统应采用合理的投光方向，将照明的光线严格控制在被照区域内。这也可以消除光污染对天文观测造成的负面影响。照明灯具的上射光通比不应超过表6-8的规定。

照明灯具的上射光通比的限值 表6-8

环境区域	E1	E2	E3	E4
上射光通比	0	5	15	25

本章主要论述了如何通过景观照明规划策略的制定，对城市景观照明进行合理的控制和引导。首先提出了构建照明规划的控制指标体系，随后分析了主要的几种景观照明规划策略。规划控制指标是对城市照明的数量及质量的量化标准，规划策略是通过具体方法以实现规划目标，并依赖科学、完善的规划控制指标体系予以规定和明确。

第7章　景观照明规划基础资料
调查与分析

7.1　目的、意义与一般过程

7.1.1　目的

编制一份条理清晰，逻辑严密，能有针对性地解决城市建设发展中存在问题的城市景观照明规划，离不开深入的基础资料调研，其主要目的在于：

1. 解读城市特点，提炼代表城市特色的部分载体，结合总体规划中对城市发展方向及空间景观架构的规划提出夜景照明的规划重点路段、建筑、开放空间等。

2. 依据城市规模、发达程度、建设水平、发展目标，分析城市景观照明的总体定位、区域特征。

3. 掌握城市照明工程建设现状以及未来几年发展重点，为编制对城市照明建设实践具有指导意义的近期建设计划提供规划依据。

7.1.2　意义

1. 调查分析是进行科学的城市景观照明规划编制的基本保证

编制城市景观照明规划应当取得相关的自然景观、人文与经济、照明现状及城市建设等方面的基础资料，这是科学、合理地制定照明规划的基本前提。正确地制定政策和规划决策离不开社会调查，因为正确的政策应该以"现实"的事件，而不是以"可能"的事件为依据，要了解"现实"的事件，就必须进行调查研究。

2. 调查分析是城市景观照明规划实现公众参与的基本手段

城市的主体是人，只有满足公众要求的城市景观照明规划，才能算是"城市的规划"。因此，近几十年来，规划的编制不再仅仅局限在政府、专家和规划执业人员之间进行，公众参与规划的咨询、论证乃至决策，已越来越广泛和深入。规划编制中的调查分析通过访谈及问卷调查等灵活形式，更好地实现公众参与，将具有代表性的公众意见作为规划设计和决策工作的有效依据。

3. 调查分析是对城市景观照明进行"动态调控"的基本依据

城市景观照明的发展与社会环境变化息息相关，经济高速增长、科技日益进步、社会文化及生活方式不断更新演变，任何万全的规划决策都无法应对这些新情况、新问题。因此，可依据对城市的调查分析，进行城市景观照明的"动态调控"，真实地反映规划实施过程中出现的矛盾和问题，提出切实可行的解决方案，保证规划工作的科学性和针对性。

7.1.3　一般过程

基础资料调研的一般过程可归纳为"发现问题，分析成因，形成研究报告"三个部分。按照人的认识规律，调查研究的全部过程应该是调查——研究——再调查——再研究的循序认识的过程。就城市景观照明调研工作的具体程序来说，则大体上可分为四个主要阶段，即前期准备阶段、中期调查阶段、后期研究阶段和终期总结阶段，见图 7-1。

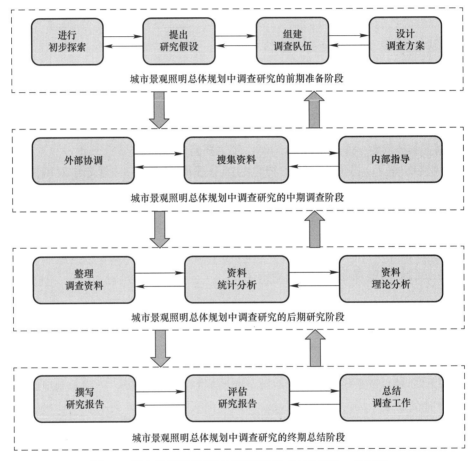

图 7-1　城市景观照明规划基础资料调查与分析的一般过程

1. 前期准备阶段

准备阶段是进行调研工作的决策阶段和打基础阶段。要充分分析城市景观照明规划项目任务书要求，根据现有资料提出研究假设，制订调查计划，组建专业调查人员。准备阶段是整个规划前期调查工作的真正起点，事实上真正成功的调查工作往往得益于长时间、周密的前期准备，反而在现场进行调查的时间却相对要少得多。

2. 中期调查阶段

中期调查阶段主要任务是采取各种调查方法，按照调查计划要求搜集资料。对于调查的领导者和组织者来说，对外要做好外部协调工作，依靠被调查地区的有关政府及民间组织，如城市规划局、建委、市政公用事业管理局、交通管理局、园林局等单位，合理安排访谈及资料收集工作；对内要指导众多的调查人员按照统一计划，完成实际沟通和搜集资料工作。同时，应注重总结和交流工作经验，对调查资料进行严格的质量检查和初步整理，及时发现和解决新情况、新问题，采取有效措施，保证调查工作的进度。

3. 后期研究阶段

后期研究主要指对审查、整理后的调查资料进行统计分析和理论研究。

资料审查、整理是保证调查的文字资料、数据资料、数码图片及影像真实、准确、完整和简明，使之条理化、系统化的重要工作环节。

统计分析是运用统计学的原理和方法研究调查资料的数量关系，揭示城市景观照明的发展规模、水平、结构和比例，为进一步开展理论研究提供准确而系统的数据。

开展理论研究是运用各种思维方法和与调查有关的专业理论知识，对统计分析后的数据进行思维加工，以检验研究假设，做出理论说明，并在此基础上提出对城市景观照明规划目标、发展策略的具体建议。

4. 终期总结阶段

终期总结阶段的主要任务是撰写城市景观照明调查研究报告，评估调查研究的结果，总结调查工作。

（1）撰写调查报告

应包括对城市景观照明发展现状、存在问题、未来建设方向的描述；对城市景观照明发展优势与动力、不足与制约的分析；对现有城市景观照明载体价值的评价以及对未来城市景观照明具体发展策略的意见和建议。

（2）评估调查结果

一是从研究的角度对上述事实和数据资料、理论论述以及所使用的研究方法做出客观的评价；二是从应用的角度对城市景观照明调查研究结果的采用率、转引率以及对实际工作的指导作用做出实事求是的评估。

（3）总结调查工作

是对整个调查研究过程的工作总结和每个参与者的个人总结，目的是总结经验教训，寻求改进调查研究工作的途径和方法。

7.2 调查内容

根据城市景观照明规划编制深度不同，对基础资料调查内容也不尽相同，大致包含自然环境、人文经济、照明现状及城市发展等几类（表7-1）。

基础资料调查内容 表7-1

自然环境	1. 地理条件	地形地貌、山脉水系
	2. 气候条件	气温、湿度、大气污染
	3. 生态物种	主要树种、植被特点
人文特征	1. 历史与文化	历史沿革及变迁、文物、胜迹、风物、历史与文化保护对象及地段
	2. 城市结构	城市形态、建筑特征

社会服务	1. 商业与旅游	城市旅游、餐饮、购物、娱乐等设施的现状及发展资料
	2. 夜间活动	交通、商业、休闲活动的主要区域与路径、时间分布
照明现状	1. 景观照明	建筑、绿地、广场、公共艺术品照明状况
	2. 环保节能	光污染状况、照明能耗
	3. 维护管理	照明设施维护状况、建设与维护费用来源与管理模式
城市发展	1. 相关规划	城市总体规划、城市交通规划、城市景观规划、城市旅游规划等
	2. 建设计划	城市建设重点与步骤

7.2.1　自然环境

1. 地理条件

自然环境首先应关注城市独特的地形地貌。城市独特的自然山形水系对城市夜景观的形成具有重大影响，是现状资料获取中不可缺少的部分。城市景观照明建设中应当尊重和利用地形地貌，这样做才能使得自然形态和人工建设在空间上达到和谐组合并相互衬托，成为城市的特定夜景观，突出城市的个性。另外，独特的地形地貌往往是进行观景分析的重要依据。

如杭州西湖、上海黄浦江的外滩、巴黎塞纳河等，水系的存在使城市获得沿河观景的特定视线走廊；又如重庆的典型山城特征，山地丘陵的存在使城市形成层次立体的特色夜景观，"一棵树"观景平台的存在，使朝天门为核心的渝中半岛夜景观得以全面清晰地展现，在特定视觉场景内，照明载体相应的亮度图式、色彩的协调关系就显得十分重要。

2. 气候条件

应掌握一个城市的降水和湿度、大气污染状况等气候条件，它们会直接影响该地区夜间景观的观赏条件。例如，雾都重庆与西北银川的视觉感知条件肯定有相当差别。空气透明度高，照明对象的亮度、彩度看起来就高，照明标准就可适当降低。反之，在相同观察距离的情况下，照明水平就需适当提高，光源也要选择穿透力较强的光谱组成。长年阴霾天气，会对光色的喜好存在一定心理上的影响。如重庆市民就普遍喜好高纯度的鲜艳色彩。气温的高低对光色的选择存在一定心理上的影响。从国内的情况看，一般寒带地区的人们比较偏好暖色，热带则喜欢冷色。气温对城市景观主要的影响在于它直接影响人们在户外活动的时间和方式。城市气候条件的资料可以通过走访当地气象部门或查阅相关气象资料获得，主要应掌握以下几个指标：年平均气温、年雨日、年雾日、年平均湿度。

3. 生态物种

景观中的植被品种和形式非常丰富，是突出城市个性的主要因素，可以充分利用其创造独特的城市风光。因此，城市景观照明规划应了解城市植被绿地、生物种群分布的特点。如"绿城"南宁，其丰富的植被在城市景观中具有突出的影响力，但人工构筑物相对缺乏特色，对植被的利用在景观照明规划中便也有了重要意义。而作为生态保护区的城市绿楔、生态湿地等，则应尽力减弱景观照明的影响。另外，对昆虫的诱杀、植物生长周期的影响、鸟类的生息迁徙，都是景观照明规划应加以考虑的内容。

4. 水体

具有自然江、河、湖、海等水体的城市，可利用水岸的自然景观来组织夜间观赏，形成亲水界面，获得良好的景观效果。城市街道中的人工水体，如喷泉、瀑布等，往往也是夜间景观的活跃因素，通过重点照明、互动照明的方式来塑造夜间水景会对吸引人群聚集有着很大的作用。

7.2.2 人文特征

1. 历史与文化

各个城市在长期发展过程中，既形成了一些共性的城市人文特征，也形成了各自的文化个性特征。其中城市文化的个性，便指的是城市的文化特色，是一个城市区别于其他城市所独有的文化价值，是城市的活力和魅力所在。

作为研究的特色与核心，对城市文化的揭示和表达是城市景观照明总体规划的深层次要求。城市景观照明作为对城市现状和发展的一种表现方式，必然需要对城市自身的地域固有文化进行深入研究和探讨。

作为专项规划的城市景观照明规划，重在对城市文化与城市主题的研究，包括人文特色、风俗民情等。

对名胜古迹的调查研究，可分为以下两方面内容：

（1）景观形态，包括其自然风光、建筑形态等；

（2）文化内涵，包括其历史意义、社会影响及艺术价值等。

重要史迹及代表性建筑的载体价值取决于其历史及文化内涵，性质不同决定其夜间景象不同。因此，对于该部分载体的调查，可从该城市或地区的文化管理部门入手，明确其重要性等级，适当参照城市总体规划中的历史文化名城保护规划的内容，结合载体形态特征，决定其景观照明规划策略。

2. 城市结构

在了解自然环境的基础上，对城市结构作总体分析，包括城市已经形成的空间布局，如城市的天际线、制高点、城市出入口、边界、重要景观点等。在夜间通过照明的方式组织空间体系中的各个环节，如建筑、街道、桥梁、广场、城市园林绿地以及其他视觉元素的关系，有助于清晰展现城市的人文特色。

通过对城市垂直界面及开放空间的实地调查，在视线、视轴分析的基础上，指出垂直界面及开放空间的景观价值、区位特征及其对区域空间结构的影响，依据视觉界面协调的原则，为规划中确定景观照明氛围、节奏和重点提供依据，见表7-2。

城市结构要素基础调研内容示例 表7-2

要素	景观照明目的	重点调研内容
建筑	建筑物是城市的主体，对其进行景观照明具有象征性、认知性、安全性和标志性等多重目的	选择代表性建筑作为照明重点控制对象，了解建（构）筑物功能属性、体量、体型、色彩： a. 历史文化建筑； b. 现代城市建筑； c. 夜间地标建筑； d. 实现景观照明设计新理念、新技术的建筑； e. 城市发展规划中处于重要景观区域、路径、节点的建筑

续表

要素	景观照明目的	重点调研内容
街道	道路组成城市基本框架，街道空间景观照明具有创造气氛、安全、环境认知、视觉功效提高等许多功能，同时也能够加强城市夜间的整体效果	对街道空间的调查主要包括道路性质、等级、两侧景观元素（如建筑、行道树、城市家具等）特征等方面
桥梁	桥梁在城市空间中具有标志性地位，其开阔的视域是城市景观的表达重点。恰当的对桥梁夜间景观进行恰当的表达，对于提升城市夜间景观，丰富城市空间层次具有重要的意义	了解城市中桥梁所处位置、区域的重要性、政治及历史意义；桥梁的种类、造型、尺寸、材质等。同时对桥体表面进行照度、亮度测试，评估作为桥梁背景的天空、山体、城区、道路的亮度，作为规划设计的依据
广场	广场的照明不仅要为活动人群的安全服务、展示城市建设特征景观，还要满足人的交往、活动的各种需求	着重对城市广场地理位置、功能、人流量、政治历史意义、景观形式等方面的调查
园林绿地	城市园林绿地主要是指森林公园、休闲公园、动物园、街道绿地、防护绿地等，对它的景观照明多考虑提升其风景旅游价值	应重点对其地形地势、河湖水系、名胜古迹、绿化林木、重点建筑以及周围地区的优美人文景观进行调查研究，在不破坏生态环境的基础上，选取适宜元素，纳入夜间景观照明体系
……	……	……

7.2.3 社会需求

社会需求（social needs）是人类个体和社会追求更高生活质量的理想和期望的表达。对于城市景观照明的规划和管理工作而言，商业旅游、夜间活动、节日庆典对景观照明的直接诉求，现状与期望（或要求）之间的差距，是推动照明规划建设实践发展前进、动态平衡的核心力量。

1. 商业与旅游需求

城市景观照明建设对商业发展有直接的促进作用。调查研究中应重点了解城市商业网点、商业区、商业街的布局与特征，搜集城市商业中心相关规划资料。对现状商业设施照明光色、亮度、动态变化情况进行实地观测，必要时可对市民的光色、亮度偏好组织主观评测与问卷调查。

精心组织夜间景观游线，能够促进城市夜间旅游活动，拉动经济增长。因此，应重点考察城市夜间旅游资源的内容与特征，景点主次关系，游人的视点、视线、观赏序列及所选择的交通方式等。

2. 夜间活动需求

人具有趋光性，城市景观照明是晚间城市公共活动空间能够吸引城市居民的聚集，促进夜间各类文化活动的必备条件。对市民文化活动场所的调查，可主要把握活动场所的规模、人流量、活动时间、活动形式以及现有照明状况及出现的问题等方面的内容，对市民、游客及使用者进行访谈，获得主客观评价的第一手资料。

3. 节日庆典需求

重大节日及活动庆典照明多与夜间餐饮、旅游、娱乐、文化等功能相结合，极大地丰富了城市景观照明体系，它更为关注提升夜间视觉景观，宣传城市文化特色。

进行节日庆典景观照明规划前，应全面考察城市历史、风俗、人文及地域重大事件，以及节日期间，如元宵节、中秋节、圣诞节、情人节期间，规划区域的气候条件，对可能设置灯光表演的城市开放空间进行实地踏勘，结合市民出行条件及城市空间布局进行筛选。

7.2.4 照明现状

1. 景观照明现状

城市景观照明在数量上与质量上的情况；各种照明对象的特征与重要性；现有城市景观照明的布局；照明设施的类型；规划区域建筑及开放空间景观照明亮（照）度、亮度对比度、灯具形式和布设方式。

可通过照明管理部门、规划部门了解收集的资料包括城市照明地方标准及法规、城市景观照明管理办法、城市照明管理部门各年度工作总结、城市照明控制办法（功能及景观照明启闭时间及照明模式）、城市照明新建及未来建设项目列表等。

2. 环保节能现状

城市景观照明规划应调查了解规划区域（特别是风景旅游区、生态保护区）现状景观照明光源类型、功率及控制模式，观察产生光污染/侵扰的具体成因，以及光污染/侵扰的范围和强度。

3. 维护管理现状

明确规划区域景观照明建设年代和维护机制（包括建设与维护费用来源与管理模式），实地查看景观照明装置损毁情况。

7.2.5 城市发展

制定城市景观照明总体规划之前必须明确城市性质、特征和发展目标，了解相关城市规划与建设计划等方面的信息。

本阶段基础资料应包括已依法批准的上层次照明规划对该区域的照明要求；规划区域的城市详细规划、城市设计及相关专项规划资料，如城市分区土地利用、空间布局、相关景观绿地，历史文化名城、风景旅游规划，三年内年度城市建设重点工程等。此外，如需编制的景观照明详细规划涉及修建性要求，还应了解照明设计对象周边环境、空间形态、使用状况、建筑、景观、道路设计图纸等。

7.3 调查分析方法

基础资料调查涵盖了自然环境、人文特征、社会需求、照明现状、建设发展情况等宏观城市脉络，但要编制具体的城市景观照明规划，还要依靠有效的现状分析对调查成果进行归纳演绎。

目前，城市景观照明规划已不再局限于对城市的"实体规划"，而是转向关注宏观协调、持续发展、社会需求等更为广阔且更为深入的方面。随着规划分析的科学化、技术化的提高，定性定量的分析成为现阶段规划研究的新趋势。

因此，可将实地测量、城市意向分析、问卷调查、访谈应用于城市景观照明规划的调查研究。

7.3.1　实地测量

实地测量是城市景观照明规划基础调研的重要工作步骤，建筑物、构筑物和其他景观元素的照明量化指标包括平均照度、照度均匀度、平均表面亮度、亮度对比度和光源色表、显色性、阈值增量、眩光限制值等重要数据。

其中照度测量是在被照景物表面上进行测量，适合于对开放空间内的广场、小品、绿地、雕塑等进行测量。广场、公园等场所公共活动空间宜将照度均匀度作为评价指标之一。具体的测量方式参照现行国家标准《照明测量方法》GB/T 5700。光源色表，显色性可通过现场测量或分析竣工图纸获得数据。动态效果通过主观评价的方式确定。眩光限制值与亮度和出光面积相关，应参照相关规范进行测量。在照明测量中高大建筑物以及人所不能触及的位置占多数，这种情况适宜用亮度进行测量。然而普通的亮度测量主要完成的是对被测物体上某点的测量，由于亮度受观测角度的影响，通常需要改变角度进行测量才能求得某一点的亮度值。但测量点的选取自由度大，测量面内的几个点的亮度不能代表被测物体的亮度。表面平均亮度可使用面亮度计一次性获得被测面上平均分布的多点亮度及亮度分布，更真实的代表表面亮度水平。人对亮度感受要受目标亮度大小、背景亮度大小等因素影响。需引入亮度对比度的测量更符合客观实际情况。

表面平均亮度和亮度对比度是照明调研和检测评估的重要参数之一，但是在实际测量中会遇到背景亮度测量范围和不同光影图式测量范围不确定等问题。故以下重点对表面平均亮度和亮度对比度进行阐述，提出其测量手段，并结合实例分析不同的照明方式如何选取测量目标范围。最后对在实际测量和计算中遇到的问题进行分析，为今后研究更精确的取值提出方向。

1. 测量仪器和计算方法

表面平均亮度目前可采用的直接测量仪器有两维色彩分析仪等，可获得表面上的平均亮度和亮度分布。但是目前此类仪器需由交流适配器接100～240V电源，夜间户外大量采集数据存在一定困难。

景观照明检测，需要测得局部亮度或建筑整体亮度，才能正确评估是否达到设计原定效果。而原来常见的点亮度计，只能测定圆形视场角区域的平均亮度，无法测量非圆区域的平均亮度，无法区分视场角内不同点的差异。二维影像亮度计，基于图像解析技术，以面阵探测器代替单个探测器，可测量被测对象的亮度分布，导入计算机通过软件进行进一步处理。可根据需要选择相应区域计算平均亮度，更适合于景观照明的测量。当然，在现阶段下，二维影像亮度计，由于光圈、焦距、曝光时间等的设定上自由度的增加，也引出了如何体现建筑物亮度与人眼视觉感受更匹配的后继研究。总体来说，二维影像亮度计相对瞄点式亮度计突破了选区限制，已经开始在景观照明检测中发挥越来越重要的作用。

亮度对比度需要通过亮度测量仪器测得对象亮度及背景亮度。计算公式如下：

$$C = (L_o - L_b)/L_b \quad 或 \quad C = \Delta L/L_b$$

式中　C——亮度对比；

　　L_o——识别对象亮度；或称目标亮度，一般面积较小的为目标；

L_b——识别对象的背景亮度；面积较大的部位做背景；

ΔL——识别对象及背景的亮度差。

当 $L_o > L_b$ 时为正对比；

当 $L_o < L_b$ 时为负对比。

下面将分别采用三种典型照明方式的建筑表面亮度和对比度的测量方式进行阐述，并介绍如何将测量结果与规划结果进行比对。

2. 整体泛光照明

整体泛光照明的手法在夜景照明设计中是常用的方式之一，此类建筑以整个立面作为测量目标。以人民英雄纪念碑为例，使用经过标定的数码相机采集人民英雄纪念碑的夜景照片。图像拍摄参数为 ISO 100，快门 0.2，光圈 4，镜头透过率为 1。处理完图像后导入到软件中，填写上述图像参数，测量得出整体平均亮度为 34.2cd/m^2，最大亮度为 77.8cd/m^2，最小亮度为 3.06cd/m^2（图 7-2），天空背景亮度为 3cd/m^2，计算对比度为 $(34.2-3)/3=10.4$。整个立面的亮度分布见图 7-3。

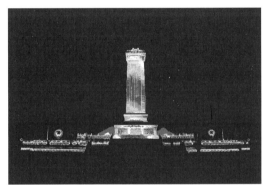

图 7-2　人民英雄纪念碑区域亮度计算图　　图 7-3　人民英雄纪念碑区域亮度分布图

表面平均亮度与规划控制指标的对比评估：根据《北京中心城区景观照明专项规划》，人民英雄纪念碑为特级照明，特级照明的立面平均亮度 $>25\text{cd/m}^2$，人民英雄纪念碑为 34.2cd/m^2，满足亮度要求。

亮度对比度与规划控制指标的对比评估：根据现行行业标准《城市夜景照明设计规范》JGJ/T 163，被照物的亮度和背景亮度的对比度不宜超过 $10\sim20$。根据规划，特级照明可取强对比，人民英雄纪念碑的对比度未超过上限 20。符合对比度要求。

3. 立面整体低亮度，但局部重点照明

此类照明手法选择建筑的特征部位重点照明，对立面其他部位不进行或很少量照明，并且在夜间室内开启的灯具内透对立面照明影响较小。选取同方广场大厦作为例。本案例的照明方式为局部重点照明，楼体其他部分较暗。这种情况下，完整立面的表面亮度不能代表整个楼体的照明情况，宜选取重点照明区域作为识别对象，天空为背景。

测量得出整体平均亮度为 8.27cd/m^2，最大亮度为 37.88cd/m^2，最小亮度为 1.87cd/m^2（图 7-4），天空背景亮度为 1.06cd/m^2，经计算对比度为 $(8.27-1.06)/1.06=6.8$。整个立面的亮度分布见图 7-5。

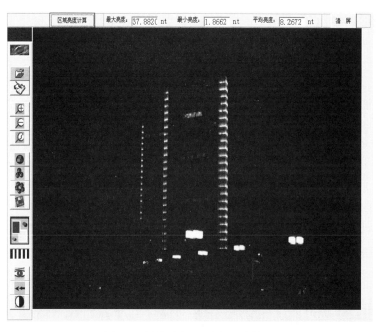

图 7-4　同方广场区域亮度计算图

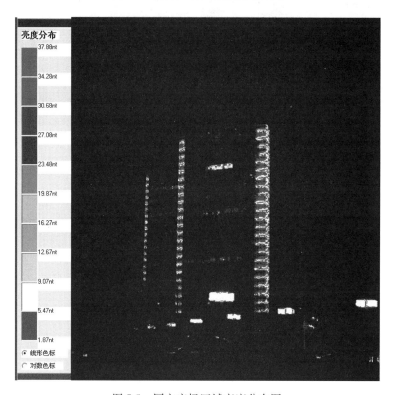

图 7-5　同方广场区域亮度分布图

表面平均亮度与规划控制指标的对比评估：根据《北京中心城区景观照明专项规划》，该建筑（同方广场）位于二类照明区，属于体量较大，形成连续界面的商业办公类建筑，照明等级为二级。二级照明的立面平均亮度上限为 10cd/m²，同方广场的重点照明区域平均亮度为 8.27cd/m²，未超出上限，满足亮度要求。

亮度对比度与规划控制指标的对比评估：根据《城市夜景照明设计规范》，被照物的亮度和背景亮度的对比度不宜超过 10～20。人民英雄纪念碑的对比度为 8.5，未超过对比度上限要求，满足亮度对比度要求。

4. 立面设置泛光照明，局部重点照明

此类照明手法选择建筑的特征部位重点照明，但立面或增加泛光等照明，或内透大量开启，对建筑立面亮度水平有较大影响。此类照明方式，以清华科技园为例。以楼群立面作为测量识别对象，以天空作为背景。测量得出顶部平均亮度为 7.38cd/m²，最大亮度为 62.43cd/m²，最小亮度为 2.45cd/m²（图 7-6），天空背景亮度为 1.3cd/m²，计算对比度为 （7.38－1.3)/1.3＝4.68。整个立面的亮度分布见图 7-7。

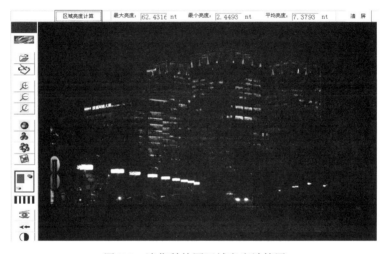

图 7-6 清华科技园区域亮度计算图

图 7-7 清华科技园区域亮度分布图

表面平均亮度与规划控制指标的对比评估：根据《北京中心城区景观照明专项规划》，该建筑（清华科技园）位于二类照明区，属于体量较大，形成连续界面的商业办公类建筑，照明等级为二级。二级照明的立面平均亮度上限为 10cd/m²，同方广场的重点照明区域平均亮度为 7.4cd/m²，未超出上限，满足亮度要求。

亮度对比度与规划控制指标的对比评估：根据《城市夜景照明设计规范》，被照物的亮度和背景亮度的对比度不宜超过 10～20。人民英雄纪念碑的对比度为 4.68，未超过对比度上限要求，且位于规范推荐的"被照物的亮度和背景亮度的对比度宜为 3～5"范围内，满足亮度对比度要求。

5. 取值中的未确定因素

在以上的三个实验中，笔者根据实际经验结合问卷调查设定了一些前提条件，在此将确定过程进行说明，但是否有更精确的取值有待进一步研究。

（1）背景亮度的测量范围：

《天津市城市夜景照明技术规范》中提到实测背景亮度值：背景较暗为 1.2～2cd/m²，背景较亮为 3～6cd/m²。但所给范围较大，对对比度的值造成一定影响，故采取现场测量的方式更为准确。但背景亮度的测量范围目前没有规范作出规定。笔者认为可以人的视域范围为参考标准。单眼的综合视野角度大约（水平）180°，上下（垂直）130°。两眼能同时看到的视野较小一些，约占总视野的 120°范围。视线周围 1～1.5°内的物体能在视网膜中心凹成像，清晰度最高，这部分叫中心视野；目标偏离中心视野以外观看时，叫周围视野。视线周围 30°的视线环境，清晰度也比较好。

在以上几个视线角度中，综合考虑楼体高度和测量距离对背景亮度测量范围的影响，一般选择 30°为宜。

（2）被测对象的测量范围

以被测对象的整体还是局部作测量识别对象，是实际测量最常遇到的问题。笔者认为可从如何取值能与人的主观评价建立一致的角度出发解决。

以下表格为背景亮度为暗环境和一般情况时，背景和目标亮度与人的视觉感受关系。以清华科技园为例，其背景亮度为 1.3cd/m²，目标亮度若以设置了夜景照明的建筑顶部为测量识别对象，平均亮度只有 3.77cd/m²，应对应"暗"的视觉感受（表 7-3）。

亮度与人视觉感受关系　　　　　　　　　　　　　　　　　表 7-3

环境情况	暗	一般	明亮
背景亮度	1.7	3.4	6
目标亮度	5.1	10.2	24

但在现场的 25 份市民问卷调查中，45％的市民认为该建筑属于"较亮"，40％的市民认为该建筑属于"刚好"，只有 15％的市民认为该建筑属于"较暗"。即表明如只选取特殊照明的部分进行测量不能与人的主观感受一致。

对如何选择被测对象取测量范围，本书对 25 名照明设计专业人员进行调查问卷，75％认为该建筑应以整体立面作为测量识别对象，25％认为可以顶部为测量识别对象，但应增加如"韵律性"等其他指标。

本书以上的案例测量采取了多数人认为可以反映建筑亮度的立面范围进行测量（图 7-8）。是否有其他的评价指标和评价方式有待深入研究。

图 7-8　清华科技园顶部测量结果

7.3.2　城市意向分析

城市意向研究是一种通过研究人对于城市环境的感知状况来研究城市物质形态与文化意义的方法。城市意向研究方法源自 20 世纪 60 年代，美国著名的城市规划师、麻省理工学院教授凯文·林奇（1960）的名著《城市意向》一书。

城市景观照明的多姿多彩，来源于城市环境——即城市物质形态与文化意义的多样性。对于城市景观照明规划来说，城市意向的研究方法由城市自身的角度来探讨景观照明发展，将对景观照明发生影响的物质形式构成要素归纳为通道、边界、区域、节点和标志五类，根据各自载体及空间特征，制定相应的照明策略。

对城市意向的认知可以通过绘制心智地图法进行。心智地图是从认知心理学领域中吸取的城市空间分析技术，最初由林奇教授系统阐述，是城市景观和场所意向的有效驾驭途径。心智地图是通过询问或书面方式对居民的城市心理感受和印象进行调查，最后经分析翻译成图的形式，或更直接的鼓励他们本人画出有关城市空间结构的草图。"心智地图"是根据来自记忆的意象感受而绘制的城市地图，它可以唤起当地居民受试者潜隐在心中的对城市空间结构的认知能力，帮助设计者迅速理解当地空间结构和环境特色。

由于城市夜间的面貌几乎由人工照明决定，和白天有很大差异，加上人在夜间的活动模式也不同于白天，因此对同一城市，人们白天和夜间的心智地图有关联也有差异。图 7-9、图 7-10 为广州市民绘制的日景与夜景心智地图。

7.3.3　问卷调查

问卷调查法的主要特点是采用标准化的、间接的、书面的调查。

问卷调查法多被应用于了解被访者对规划区域夜间城市公共活动空间及其景观照明效果的满意程度或可接受程度，以及对景观照明效果的视觉评价。问卷调查法的优点是比较方便和经济，对于涉及主观感受的被调项普遍适用；并且问题的大小完全可以根据目的任意确定。但也存在一些明显的缺点，主要体现在同一内容在不同的问法下可能会得到完全

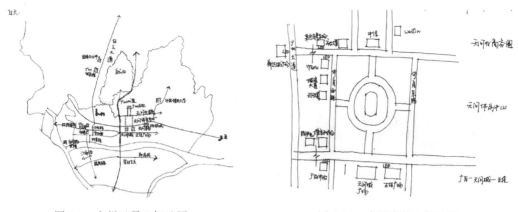

图 7-9 广州日景心智地图   图 7-10 广州夜景心智地图

不同的反应，所以如何措辞非常关键；而有时候，人们在回答问题时所作的选择与面对景观实体或图片时所作的选择相互矛盾。

广州市景观照明现状调查问卷见附录 A、B。

7.3.4 访谈

访谈法多应用于了解城市景观照明建设管理现状、城市建设发展计划的调研活动，访谈的对象多为城市规划管理部门的相关专业人员。要取得访谈的成功，必须认真做好访谈前的准备工作，在访谈过程中要进行正确指导和有效控制，并及时做好访谈后的各项纪要整理工作。

访谈法的最大优点是，它有利于把调查与研究结合起来，把认识问题与探索解决问题的办法结合起来。在集体访谈过程中，城市景观照明规划的编制者不仅可以向城市规划管理部门的相关专业人员了解客观情况，而且可以集思广益，通过与会人员之间的互相研究、互相探讨，更加全面、深刻地认识城市景观照明的发展建设情况以及城市规划的实施管理流程，更有利于共同探寻解决现状问题的途径和方法。

访谈法的一大局限是有些问题不宜于在座谈中调查。例如，某些敏感性问题、保密性问题、隐私性问题；此外，占用被调查者的时间较多，往往受时间的限制，很难作深入、细致地交谈。因此，访谈只有与其他调查方法配合使用，才能取得更好的调查效果。

徐州市城市照明专项规划访谈纲要见附录 E。

7.3.5 手机信令或热力图

现阶段，有更多地表明人员位置信息的方法，可用于支持规划设计人员了解夜间人群分布。并可通过位置、周期、时间段来进行差异化区分。

如以下为常州 2021 年不同时间人群分布的位置图，可以看出，周末的人群量最大。

同时还可根据手机信令对人群来源进行区分，得到市民和游客的夜间分布图，以了解不同人群的夜间偏好。从而进行更合理的规划引导（图 7-11、图 7-12）。

7.3.6 应用地理信息技术（GIS）

城市照明 GIS 是建立在计算机上以实时动态的城市照明现势图为基准的，能够处理以

国庆假期   周末   工作日

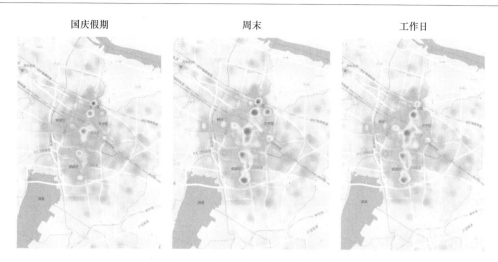

图 7-11　手机信令不同时间分布图

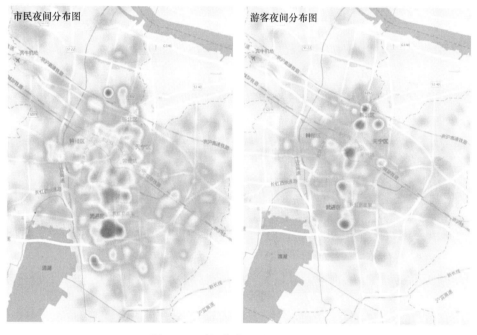

图 7-12　手机信令不同人员分布图

城市照明为核心内容的空间信息及相关信息的一个综合信息系统，为城市照明规划、设计、调度、抢修和图籍资料的档案管理提供强有力的科学决策依据，实现分析决策的全计算机操作过程。GIS 技术还可用来快速捕捉城市发展演化状况，为规划监督和规划实施信息反馈提供技术支持，实现过程的动态反馈。借助城市景观照明 GIS 平台可以收集了解以下信息：

（1）规划范围内城市照明规划设计图籍资料；

（2）各种城市照明信息，标准的规划、设计图纸；

（3）网络功能实现中心与工作站的信息联络；

（4）城市照明动态监测分析，供配电调度决策支持；

（5）城市照明设施运行状态分析，对规划、设计和现势照明的评估；

（6）准确的抢修、施工方案决策支持。

应用 GIS 技术可能存在的困难是需要对管理机制和管理架构进行改革，使 GIS 与图档资料等照明信息管理有机结合，才能适应新技术的实施应用；GIS 运作过程涉及管线数据采集，需要上级统一发文、施工单位协助及有关资料的及时归档。此外，GIS 管理的数据量相当庞大，所用计算机的内存、硬盘较大，CPU 速度要求高，对于以后不断扩充的数据管理，当前城市规划管理部门服务器和工作站的硬件对满足 GIS 性能仍有所欠缺，城市照明信息数据的集中管理仍需要计算机整体性能的提高（图 7-13）。

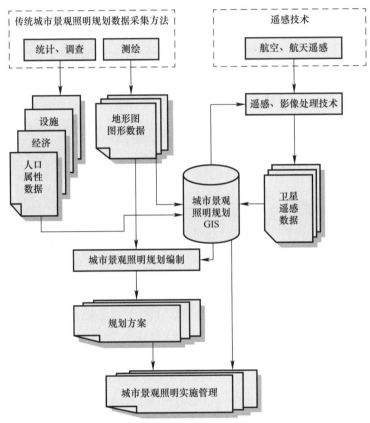

图 7-13　GIS 技术在城市景观照明规划中的应用

资料来源：姚鑫，城市景观照明总体规划的调查、研究过程与方法探索，天津大学硕士学位论文

7.4　研究实践——以广州为例

2008 年，受广州市规划局委托，清华规划院承担了广州市景观照明总体规划任务，对广州进行了城市景观照明前期调研工作，主要包括城市特点、市民夜生活模式、夜间户外环境满意度调查、照明载体排序调查、相关规划和建设重点等。

7.4.1　广州城市特点

这部分内容以档案查阅为主，访谈和实地踏勘为辅，内容主要包含：

（1）城市基本情况

城市定位：广东省政治、经济、文化、交通中心，我国的历史文化名城和华南地区中心城市，是我国重要的经济、文化中心和对外交往中心之一，是我国南方的国际航运中心。

气候地理：广州属于亚热带季风气候，北回归线从这里通过，全年平均气温 20~22℃，市区年降水量 1600mm 以上，平均相对湿度为 77%。广州四季常青，繁花似锦，故有"花城"之美誉。冬无严寒、夏无酷暑、温暖湿润的气候和云山珠水的自然地貌造就了广州宜人的生活环境，气候条件非常适宜人们的室外活动。

行政区划：广州市区分为中心组团（原八区）、番禺组团、花都组团。2005 年，广州市总面积为 7434.40km²。其中，市辖 10 区面积为 3843.43km²，占全市总面积的 51.7%；2 个县级市面积为 3590.97km²，占 48.3%。预计到 2010 年广州城镇建设用地总量为 785km²，其中中心组团城市建设用地规模为 549km²；番禺、花都组团城镇建设用地规模为 236km²。

人口经济：2005 年末广州市户籍总人口为 750.53 万人，预计到 2010 年，全市人口为 1225 万。2007 年，全市生产总值 7050.78 亿元，在全国城市排名仅次于北京、上海，位于第三。

（2）物质载体特征

自然载体特征："山、城、田、海"，构成广州"山水城市"的生态格局。"山"为北部山林地区，"城"为中部平原城市化地区，是城市人口集中部分的地区，"田"为东南部农田水网地区，"海"为东南部海域地区。负山、通海、卧田成为广州城市发展的最基本生态特征，也是城市特色之一。

人工载体特征：南拓、北优、东进、西联战略稳步实施，建成区不断扩大，使得日新月异的现代化城市建设为城市照明提供了良好的人工载体。随着珠江新城、广州新城、白云新城等十个重点发展区域的不断建设，广州逐步向 21 世纪东南亚中心城市的定位靠近。

（3）城市人文资源

广州具有两千多年的建城历史，是我国历史文化名城。拥有南越王墓遗址、南越国宫署御花园遗址等一大批历史文物古迹。广州又是中国近代中国革命的策源地，历史文物古迹和近代革命史迹众多。如黄花岗烈士陵园、农民运动讲习所等革命史迹景观。

广州是岭南文化的代表。岭南文化是中华民族优秀文化的重要组成部分。距今四五千年的新石器时期开始，百越文化、汉越文化融合和中西文化交融，一直绵延不断形成了自己独特风格和鲜明的地域文化特色。从考古文物到文献记载，从历史遗址文化、建筑文化、民俗文化、园林文化、商业文化、宗教文化到各种文化艺术，都贯穿着一种开放的人文意识，特别是变改意识、商业意识、务实意识和平民意识，反映出广州人的开放观念、兼容观念和改革观念。

（4）城市照明基础

照明基础：20 世纪 80 年代末，广州这个以"夜生活丰富"著称的华南都会就开始了城市夜景照明的建设工作，但这一工作时断时续且仅限于局部地区。1999 年，配合"一年一小变"的城市建设战略目标，市政府启动了"光亮工程"规划与建设项目，开始从整体上较为系统地规划城市夜景照明景观，并将其作为城市总体规划的专项规划之一，纳入城市规划体系。组织编写了《广州城市夜景照明系统规划》和《珠江两岸夜景照明详细规划》等，并分别加以实施。

7.4.2　广州市民夜生活模式

这部分调查内容主要通过问卷调查（详见附录 A）形式进行，在调查对象上尽可能考虑了地域分布、教育背景、性别年龄的合理分布。调查的主要内容包括夜生活结构（活动频率、时间长度、时间段分布、活动内容、结伴方式等）、夜生活空间分布（活动区域、交通方式、交通时间）、综合评价（满意度、拥挤程度、希望增加活动场所等）。得出结论如下：

（1）活动内容与区域

广州素以文化的多元性著称，除本地饮食文化外，外来休闲文化的色彩也得到了相当的展现。广州市夜生活活动内容十分丰富，活动区域分布均衡。其中户外活动、随意性的、非消费型的活动（散步、看热闹、社区交往）以及消费型、参与性活动（酒吧娱乐、观看表演）等是丰富夜间城市外部空间的有利因素。

（2）活动持续时间

受广州市冬无严寒、夏无酷暑、温暖湿润的亚热带季风气候环境影响，被访者一年四季夜生活持续时间长，活动需求旺盛。如影剧院等夜间室内活动场所周边配套服务设施完善，观演后夜宵、游园等跟室外光环境密切相关的活动往往就近发生，表现出室内外光环境的关联与延续对活动持续性的积极影响。

（3）活动频率

广州的气候、风俗、习惯、消费水平以及多元文化等特征决定了广州是一个夜生活潜力丰富的城市。由现状的调查分析发现，广州市民和游客夜间活动频率较为活跃。夜生活方式日益丰富、新的城市休闲娱乐中心相继出现、往返交通速度提升，促成了被访者夜间出行。

（4）夜生活综合评价

广州市夜生活发展基础良好，美誉度较高，现有夜间活动场所群众关注度较高、使用频率较大。但在场所数量和空间上仍有欠缺，特别是以非消费型为主的户外休闲活动场所，如公园、市民广场、体育场馆等；同时，在场所质量品质方面，缺少有具备突出感染力和代表性的夜间活动中心。

因而，改善目前夜间景观照明缺乏的现状，为市民及游客提供夜间活动场所，是进行城市景观照明规划景点分布筛选的目的之一；同时规划各种类型的夜间旅游路线，会有力地吸引专程来广州游览的旅客。照明规划还要解决夜生活丰富与夜间安全性的矛盾，通过提升基础照明，保障夜间市民游客活动安全。

7.4.3　广州市夜间户外环境满意度调查

（1）分别对游客和市民，从安全感、方位感、层次感、美观、光污染及光干扰程度、地方特色是否突出，是否有必要进一步改善景观照明等方面进行了满意度调查（图 7-14）。

（2）通过研究广州夜间户外环境总体满意度调查结果柱状图，可以发现：曲线最高点都出现在对改善必要性的评价上，一方面说明公众普遍对景观照明建设抱以关注和支持的态度，另一方面也说明现状景观照明质量还存在着较大的提升空间。

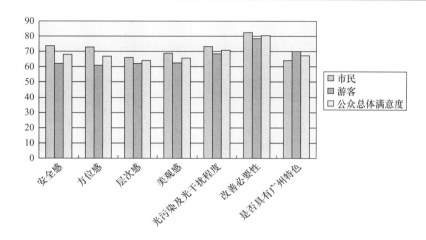

图7-14 广州市夜间户外环境满意度调查统计表

（3）夜间户外公共场所光环境层次感公众总体满意度评价最低，说明在广州市现有城市格局下，夜间户外公共场所光环境缺乏统筹安排和整体规划，由此导致了市民对城市景观照明是否具有广州特色的满意度评价最低，同时对外来游客而言，夜间活动时难以借助地标性建（构）筑物对城市进行定位。

（4）公众普遍认为广州市城市照明安全感较好；光污染及光干扰问题不突出，仅存在于个别地区。从侧面反映出，虽然广州市整体照明品质有待提升，但城市基础功能、景观照明体系已经建立。

7.4.4 广州市景观照明载体公众选择调查

为明确广州城市景观照明架构，同时也获得分期建设整改的依据，要求公众反馈他们认为最具重要性，最应提供景观照明的载体（包括重点区域、重要路径、地标节点、聚会场所），并分为效果较理想、效果不理想、需要增加三类。

从调查结果可以得出以下结论：

（1）调查表中列举的公众满意的广州市夜景照明地区主要是目前城市建设的重点区域，如珠江新城、珠江沿岸、天河城、北京路-中山五路商业区、二沙岛文化区、北京路商务区、西关大屋-荔湾风情保护控制区、新河浦独立宅院-东湖秀色保护控制区等，与传统观念中城市景观照明局限于商业区不同，广州市加大了对文化区、风情旅游区以及城市新城的景观照明建设力度，提高了城市整体文化品位。

（2）聚会场所白云山风景区、越秀公园、麓湖公园、东风公园等的景观照明满意度普遍偏低。其中白云山风景区、麓湖公园、燕岭公园、人民公园是除广州火车站、天河体育中心和海印大桥外，公众最不满意景观照明效果地区。结合希望增加的夜生活活动场所的调查可以发现，现状城市照明对非消费型的公共活动场所重视不足，而这恰恰是公众最期望设置景观照明的地区。

（3）通过对柱状图的分析可得知，广州市现有地标性建筑绝大多数已设置了景观照明，但照明效果存在着良莠不齐的现象。在最满意、最不满意的调查中，公众表现出了对城市门户建筑、新建大型公共建筑极大的关注。

7.4.5　广州市相关规划及建设动向

《广州城市景观照明总体规划》作为城市专项规划之一，应以相关城市规划为依据，本次调研搜集了《广州市城市总体规划（2001-2010）》《广州历史文化名城保护规划》《广州市公共中心规划》《广州市夜景照明系统研究报告》等相关城市规划，并参考电力规划、交通规划、旅游规划、绿地系统规划、广告设置规划的部分成果，以保证景观照明与之协调。

景观照明规划前期进行的基础资料的调研是制定针对城市自身特征的照明规划的前提条件。应用科学的分析方法采取实地测量、城市意向分析、问卷调查、访谈等方式，对城市自然、人文条件全面了解，对景观照明现状和照明规划建设条件充分掌握，才能够发现城市自身的独特性，为规划的编制提供切入点，便于之后提出具有针对性、切合实际的照明规划控制要求。本章就自然环境、人文特征、社会需求、照明现状、城市发展几方面提出了基础资料调查所应包含内容，随后列举了多种现状分析方法，以及这些内容与分析对编制规划成果的作用与影响。最后以广州城市景观照明规划基础资料调查为例，为本章论述提供了实践支撑。

第8章 景观照明规划研究框架的建立

8.1 景观照明规划的相关概念辨析

8.1.1 景观

景观（Landscape）一词涵义广泛，不同领域不同场合对其内涵的理解差别很大。在西方，"Landscape"一词的出现可追溯至希伯来文本的《圣经》旧约全书，当时被用来描述所罗门皇城（耶路撒冷）的壮美景色，此时"Landscape"的含义是视觉美学意义上的概念，等同于汉语中的"风景""景致""景色"。

根据汤姆·透纳（Tom Turner）的说法，"Landscape"一词是随同盎格鲁人、撒克逊人和朱特人一起来到英格兰的。最初，"景观是指留下了人类文明足迹的地区"，后来古英语废弃了这个词。

到了17世纪，"Landscape"作为绘画术语从荷兰语中再次引入英语，意为"描绘内陆自然风光的绘画，区别于肖像、海景等"。到了18世纪，"Landscape"和"园艺"联系起来，因为景观和设计有了密切的关系。19世纪的地质学家和地理学家则用"Landscape"一词代表"一大片土地"。

1860年，纽约市街委会委员爱立奥特（Henry H. Elliot）在给纽约市议会的一封信中提到了纽约中央公园（Central Park）的设计师奥姆斯特德和弗克斯被委任为"Landscape architects and designers"。这是最早用"Landscape architects"来称呼奥姆斯特德和弗克斯所从事的设计工作。

有关景观的研究在相当长的时间都集中于一自然元素为主体的园林、公园、城市绿地等，大多数学者所理解的景观，主要表现为景观的视觉美学意义。在《韦伯斯特信国际英语字典第三版》（Webster's Third New International Dictionary of the English Language）中，"landscape"一词有多种含义："描述一个自然景色的画面""一个视野范围内所见的、包括所有物体在内的领域""通过景观建筑或景观园林的手段提高景观的品质"。更重要的是对于英语后缀"-scape"的解释："对于一种特定类型的景色的如画的描述，例如城市景观、水景观等"。无论在"landscape"还是"-scape"的解释中，"view"都是一个重要的词，它不但有"风景、景色"之意，还强调出人"看、观察"这个动作，由此可知"景观"这一概念不但包含主体对象的物质性，同时还强调了人眼观察的主观影响。

随着环境问题的日益突出，景观概念的内涵在当今西方世界有了进一步扩展，并逐渐突破了美学意义的研究范畴。

在汉语中，"景观"是景、识景中介和人三者的统一体。在实际使用中，根据不同的语境，"景观"一词的涵义，有时可以理解为"景"，强调感知的客观对象，有时可以理解为"观"，强调主观感受，有时也可指时间感知的过程，即社会生活。

作为科学名词，"景观"的涵义也不是非常明确。《辞海》中对"景观"作为地理学名词有 3 个解释：一是泛指地表自然景色；二是指特定区域的概念，即自然地理区；三是指类型的概念，即类型单位的总称，指互相隔离的地段按其外部特征的相似性，归为同一类型单位，如草原景观、森林景观等。在自然地理的研究中"景观"主要指客观对象，理解为地球表面气候，土壤、地貌、生物各种成分的综合体。在人文地理研究中，"景观"一词的涵义也在主观感受和客观对象之间游移，与地理学有渊源关系的景观生态学把"景观"理解为空间上不同生态系统的聚合。

总之，时至今日，"景观"已成为一个多层次、多功能的研究体系，各学派的研究都是对整个景观研究架构的补充完善，它们之间是相互补充而非相互对立的。

8.1.2　城市景观

城市景观在某种意义上与城市形象和城市视觉环境相通，是指在城市范围内各种视觉事物和视觉事件构成的视觉总体，是城市实体环境通过视觉所反映出来的城市形象，是人工环境和社会环境的结合体。英国规划师戈登·卡伦（Gordon Cullen）认为，城市景观是城市中各种事物及事件与周围空间组织关系的艺术，"一座建筑是建筑，两座建筑则是城市景观。"美国凯文·林奇（Kevin Lynch）曾说："城市景观是一些可被看、被记忆、被喜爱的东西"。

现代的城市景观包括城市所在地的自然风貌，更重要的是城市发展过程中所形成的人文景观。从空间的角度来说，它包括一切可以感知的行为空间，有开敞的、闭合的，也有室内的、室外的，如城市的广场、街道、社区、公园、绿地、水岸、景点、集市等人群集散场所，也包括室外庭院等。

总之，相对于人的欣赏来说，景观是人们通过视觉、知觉所产生的生理及心理上的反映，只有通过"人"和"景"，即感知者和客观实体的相互作用才构成"景观"。正如美国著名规划师凯文·林奇在他的著作《城市意象》中指出的那样："环境形象是观察者与他的环境之间两向过程的产物"。

城市景观作为环境设施，具有社会属性和文化属性。它具有面对公众为社会服务的职能，传承、负载传统文化和当代文化内涵的功能，比如观赏功能及使用功能等，并通过其内涵，引发人们的情感、意趣、联想、移情等心理反应，即景观效应。

8.1.3　城市景观照明

2009 年 5 月 1 日施行的《城市夜景照明设计规范》JGJ/T 163 术语表中，提到夜景照明（nightscape lighting）的定义：泛指除体育场场地、建筑工地和道路照明等功能性照明以外，所有室外活动空间或景物的夜间景观的照明，亦称景观照明（landscape lighting），该定义强调的是空间界定。

目前《城市照明建设规划标准》CJJ/T 307 中，有关城市照明和城市景观照明的定义如下：

城市照明，指城市户外公共用地内的永久性固定照明设施，以及旨在形成夜景观的室外或室内照明系统所提供的照明的总称，包括城市功能照明与城市景观照明。

城市景观照明，是城市照明的重要组成部分，指的是为获得良好的夜间视觉感受，对城市景观要素所施加的装饰性照明。主要包括建（构）筑物、广场、道路和桥梁、园林绿地、名胜古迹、山体水景、商业街区、广告标识及其他公共设施的装饰性照明。

该定义强调从"观"的目标诉求出发，得出城市景观照明中"景"的空间限定。在这里，城市景观照明对夜生活质量和夜间经济发展的影响，主要是通过重塑城市夜间形象来达成的。

从我国实际情况看，在同一个"城市景观照明"的名称之下，实际建设中存在三种理解和表现方式：

第一种是对景观的照明：对既有载体，环境空间的重塑，表现物质空间的固有特性，倾向于将灯具设施隐藏起来，即所谓"见光不见灯"（图 8-1）；

图 8-1　景观的照明

第二种是观赏性的照明：具有突出风格或表现意味的主题照明、光表演等，强调戏剧性的效果，常用于庆典表演（图 8-2）；

图 8-2　观赏性的照明

第三种是用照明设施形成景观：灯光小品、光雕塑、特型灯具成为视觉焦点；在中国，受观灯传统的影响尤为多见，但在现代城市中，最好是将其作为对载体不足的补充，不宜大量使用。本书主要将重点放在第一种表现方式上（图 8-3）。

图 8-3　照明设施形成景观

8.1.4　景观照明规划

城市景观照明建设规划指的是对一定时期内城市景观照明建设规划设计、建设实施和运维管理的综合部署。城市景观照明建设规划应分为城市照明总体设计、重点地区照明规划设计和城市照明建设实施三个阶段，各阶段间应保持一致性和延续性。

景观照明规划应解决如下问题：为城市管理者服务，明确规划期限内要达到的目标；建立从宏观到微观的全覆盖规划平台，提出合理的分区规则与可执行的规划策略；为城市建设管理者提供管理依据，为相关部门提供建设要求与验收依据，并对实现目标的手段与策略提出建议；提出分期建设的重点项目，指导城市景观照明建设工作安排。

景观照明建设规划应与上层城市国土空间总体规划衔接，有效指导下一层次城市照明详细规划及设计，在给设计者留有充分发挥余地的同时建立规则，避免光污染、光干扰、无序建设等负面影响。

8.2　景观照明规划的核心内容

综合国内外城市景观照明及其规划的发展，结合我国当前城市发展背景和城市规划工作的特点，确定城市景观照明规划的核心内容包括以下三个方面。

8.2.1　视觉环境质量

如前所述，景观的概念今天虽然有了更为广义的内涵，但其最具有表观性的视觉美学意义在现实中始终占有重要的位置。从世界范围看，发掘"景"的美学和人文价值，追求优美的视觉效果始终是城市景观照明的核心目标。

1. 城市夜间形态与秩序

由于人眼的视觉特性，夜间的城市形象几乎完全依赖人工照明，因此城市景观照明对城市夜间视觉形态和秩序的形成具有决定性的作用，城市景观照明的初始定位也往往偏重于视觉艺术的布局，任务是根据美学原则组织物质环境的空间形式。城市景观照明规划应充分利用景观照明的特点，筛选并组织点、线、面等夜景观要素，有区别、有重点地表达环境景观元素，利用亮度、色彩和动态差异突出重点，掩饰和淡化环境元素的缺憾，充分表达具有景观价值的城市空间和场所，使得城市的架构在夜间更为明晰，形成美好而富有特色的夜间城市意向。合理的城市景观照明规划可以充分协调诸多照明元素之间的关系，并让它们共同创造和谐的城市夜景，而不是互相攀比照度水平。

2. 城市夜间环境色彩

费伯·比伦曾在《照明、色彩与环境的科学化》中提出："在设计现代环境时，必须充分了解颜色对人的重要性。事实上，在人无意识的注意领域中，总是先注意到所视对象的颜色，然后再是它的外形。"城市白天环境色彩由全光谱的自然光来表现，夜间环境色彩则由人工光源来塑造，是塑造城市夜间形象的关键元素，在夜间的环境中扮演的角色十分重要。

对同一场景，城市夜间环境可以借助不同光源实现不同的色彩效果，具有视觉冲击力强和色度高的特点，大面积黑色天空背景有夸张颜色的作用，所以色彩感比白天强烈。

我国城市夜景照明发展迅速，但由于重"量"不重"质"而导致城市夜间环境色彩或缺乏特色，或过分花哨。光源色彩的随意使用在一定程度上形成了城市夜间环境的"色彩污染"。匈牙利教授 J. Schanda 曾在伊斯坦布尔国际照明学术会议上提出，不慎重地使用光源颜色导致城市夜间环境色彩混乱，不仅不能带来美感，反而会降低城市环境的品质。他呼吁国际照明委员会（CIE）应当对夜景照明中色彩污染的问题制定相关的规范。随着城市景观照明的发展，这一问题在世界范围内开始得到特别的关注。

3. 视觉舒适

主要表现为对眩光的控制，以及符合情境需要的照明氛围的营造。

适宜的照明水平和明暗对比：人对夜间环境的辨识和视觉舒适，很大程度上取决于视觉场景内各元素亮度的绝对值和对比关系，不同亮度背景下，达到相近的视觉效果，对目标的亮度要求可能会有很大差异。比如北京长安街上建筑立面的亮度一般在 $20cd/m^2$ 左右，但感觉上还远不如亮度为 $4\sim12cd/m^2$ 的国家游泳馆，因为后者的背景亮度远低于前者。所以城市景观照明规划应将背景亮度作为决定亮度指标的重要考量因素。

8.2.2 社会活力与和谐

现代城市规划的兴起将目光更多地投向了社会与经济方面，美学意义在一定程度上让位于经济的发展和宏伟的社会目标。城市景观照明对于在加强社会活力的作用主要体现在营造宜居环境、凸现人文特质和拉动经济发展三个方面。

1. 营造宜居环境

社会民众越来越关注生活品质的提高，经常对城市公共区域设计质量提出更高的要求，城市景观照明是将城市全天 24 小时保持活力，保证夜生活安全、舒适、丰富的重要手段，直接影响居民的生活品质，因此受到广泛的关注。如西方政府换届选举之前多有对公共景观照明的大量资金投入，以赢得民众支持。夜生活指发生在城市空间的夜间活动。夜生活的强度与活动的各项特征在根本上决定着城市照明的效果和技术要求。本质意义上说，城市照明是为夜生活创造空间、完善空间。景观照明专项规划，应能保证居住区居民的安全；在繁华的商业餐饮集中区域，形成有吸引力的夜间景观，促进消费；合理安排夜间市民公共活动场所的分布，选择和市民活动相适应的照明方式，满足市民夜间公共活动需求。

2. 凸现人文特质

"景观"包括客观对象和以视觉感知为主要途径的主观感受两个方面及其综合方面。因此，景观概念不仅具有直观的、视觉美学层面上的意义，还具有抽象的、精神的层面的意义，即在某种程度上还将承载文化的内涵。因此，城市景观照明还应强调重视情感、文化，讲求文脉的设计手法，要求根据更高层次的精神需求营造城市夜间公共场所特征。

今天的城市管理者，都面临着全球化浪潮下，城市如何保持在吸引资金、技术和人才等方面的核心竞争力的压力。在对欧洲部分地区和城市的研究中，Kotler 将城市经济发展的动力归结于城市动力，而城市动力来源于城市的内在特质，即城市形象。城市形象是指一座城市内在的历史底蕴和外在特征的综合表现，是城市总体面貌和风格的表现。城市形象是在城市功能定位的基础上，包容城市的传统文化、经济水平、居民风俗，以及具体的工程规划、设计风格相结合的"神形合一"。Philo & Kearns（1994）等人也认为独特的城市形象能吸引媒体关注，能提升城市价值。根据 Hall（1998）的定位说，从外部来区分时，城市是否具有良好的形象同经济发展一样受到重视。因此，城市发展要采纳并执行旨在提升城市形象的计划和行动，城市形象策划对于增强城市的吸引力与凝聚力就具有突出的现实意义。

城市形象视觉设计就是以现有的视觉景观为背景，结合城市文化和价值观，充分表达城市理念，突出城市个性，将城市景观中最具个性色彩的部分作为重点，使其成为人们对这个城市的自然联想，留下深刻印象。把城市的精神理念和地方文化溶入景观照明规划设计中，通过视觉的传达，表现城市的个性和城市的精神，可以使人们对城市产生一致的认同感。视觉设计和城市人文特征是相辅相成的整体，只有以城市理念为基础，融入了城市个性鲜明的文化价值观的视觉识别设计才能代表城市形象，也才能形成真正有魅力、有影响的城市景观意象。

3. 拉动经济发展

景观照明规划可通过建立特色的夜间城市形象和夜景旅游路线，打造城市夜景品牌、提升城市夜晚观光旅游的吸引力、促进旅游业的发展。合理规划夜晚购物、休闲娱乐场所的分布和照明方式，吸引人们消费、拉动城市综合经济效益的提高、改善经济结构状况，具有经济上的巨大价值。中国自改革开放以来，城市经济发展迅猛，特别是近年来国民经济高速增长，人民群众收入大大提高，城市消费在国民经济中的比重也越显重要，特别是夜间消费已成为城市居民一项重要的经济支出。

城市夜间环境改善，土地会升值；形成级差地租，从而吸引投资者对旧城区改造，工业搬迁是更大的增值；带动旅游商贸、会展、房地产、高科技产业发展，产生巨大增值；市民的向心力和自豪感增强，城市的凝聚力大为增强，这些都是无形的增值。

8.2.3　可持续发展

A·比埃尔（A·Beer）曾提出景观规划的两种解释：解释1是"景观表示风景时（我们所见之物），景观规划意味着创造一个美好的环境"。解释2是"景观表示自然加上人类之和的时候（我们所居之处），景观规划则意味着在一系列经设定的物理和环境参数内规划出适合人类的栖居之地……"。第2种解释使我们将"景观规划同环境保护联系起来"。

这两种理解同样适用于城市景观照明规划。在当今世界能源日益紧张、环境破坏日益严重的情况下，绿色、节能、环保成为照明规划最重要的核心内容之一。景观照明专项规划应对实现节能环保提出有效的实施保障手段。

在节约能源方面，景观照明规划应对城市景观元素按重要性排序，有选择地进行照明，严格控制城市景观照明的规模、数量；通过合理划分照明分区，对不同照明对象确定合理的照明标准（亮度、照度、光通量等），避免互相攀比，追求高照度导致浪费能源；制定合理的分期建设和维护管理措施，平衡发展和节能；推广应用高效能的光源、灯具和电气附件，以及先进的控制技术。

在保护环境方面：景观照明规划应按不同区域提出控制上射光和溢散光的要求，消除光污染和光干扰；避免不当光照对动植物产生不利影响、鼓励使用生产过程中产生较少有害物质的照明产品。

景观照明可持续发展的另一个方面是指对城市固有资源（地理生态、历史文化名城、人文）合理开发利用，长期协调平衡，持续促进城市发展的效率，而不是在经济或政治利益的驱动下，超越现实的经济实力，一味追求"三年大变样"的建设速度，最终得到的却是"千城一面"的结果。

对人工资源（建设要素、可视资信要素）则应不断创新开发，尊重发展规律，同时赋予尽量高的附加值。

我国城镇化进入城市更新的新阶段，城市照明事业要完整、准确、全面贯彻新发展理念，加快构建新发展格局，着力推动高质量发展。城市照明的高质量发展，最重要的特征就是要绿色低碳发展。2022 年 6 月 30 日，住房和城乡建设部会同国家发展改革委联合印发了《城乡建设领域碳达峰实施方案》，对城市照明绿色低碳发展作出重要部署。

第一，围绕绿色低碳，推进设施建设。

一是坚持高标准新建设施。突出源头管理，在设计环节落实节能要求。加强亮化工程初步设计的把关把控，对设计方案中的节能灯具选型、景观灯具减量、亮灯模式设置、亮度照度指标控制等提出明确要求，强化高效协同，既确保亮灯效果，也做到抓节能、控电耗。二是积极推动存量设施节能改造。鼓励引入合同能源管理等市场机制，对既有路灯实施节能改造。市场主体先投入、再受益，每年从节约电费中按约定比例提取费用收回投资成本，实现照明设施降耗增效。

第二，围绕科技赋能，推进精细管理。

一是建设集中控制系统。提高单灯控制设备等智能设施安装覆盖率，精确控制照明设施开关灯时间，因时因事、启动优化照明运行模式，提高节约用电水平。二是建设智慧运行平台。汇聚掌握各类城市照明数据，逐步构建起数据支撑分析、决策、管理和创新的照明管理新模式，不断提升城市照明系统智能化管理水平。三是建设多功能灯杆。推进"多杆合一"，面向车城协同等需要，建设可承载包含充电桩、微型移动基站、车联网路侧单元等多种设备和传感器的智慧多功能灯杆，充分发挥多功能灯杆在智慧道路、智慧城市建设中的重要作用。

第三，围绕以人为本，推进优化服务。

一是提高服务的覆盖率。继续推动设施建设，开展城市照明"有路无灯、有灯不亮"专项整治，消除城市照明的盲点暗区。二是提高服务的人性化。严格按照城市照明发展规划，根据需要建设城市景观照明，加强设计方案论证审查和施工质量管理，控制过度亮化和光污染。三是提高服务的附加值。城市照明要为提升消费场景、丰富旅游体验、浓厚节庆氛围等服务，发挥灯光赋能的作用，带动产业发展、拉动旅游消费、彰显城市景观。

第四，围绕夯实基础，推进制度完善。

一是重视规划作用。加快编制并实施城市照明专项规划，只有把规划科学地编制好，才能把城市照明建设好、治理好。二是加强设施维护。建立健全各项规章制度，加强对城市照明设施的监管，保证城市照明设施的完好和正常运行，满足人民群众需要。三是注重人才培养。凝心聚力、集中智慧，加强智能化、数字化知识学习，鼓励开展学术讲座，依托网络等公共平台开展教育培训，建设一支素质优良的人才队伍。

8.3 景观照明规划的模式定位

界定城市景观照明规划任务的基础，是对相关边界的清晰认知，主要涉及规划利益相关群体和规划干预。

8.3.1 规划职能：政府主导的公共资源供给

我国的规划工作，由于特定的历史历程和体制背景，具有明显的政府主导特点，城市景观照明整体而言并不给特定的社会群体带来直接的经济效益，具有公益的性质，多由政府组织建设，可视作提升夜间视觉形象，提供夜间活动条件的公共资源。但政府并不仅仅城市景观照明这种公共资源的直接提供者，还是支持者和规范者，景观照明规划则是规范这种社会公共资源供给的重要手段。

8.3.2 规划对象：涉及夜间活动的公共事业领域

早期的城市景观照明规划，主要围绕由自然、地理景观、各种人工建构筑物加上人工照明设施等物质基础展开的，重在对照明设施的管理与控制。

现今的城市景观照明规划，作为以城市综合发展为中心的政策手段，其研究视角涵盖了经济、社会、环境、政策等多个方面，注重体现城市的政治、经济、文化、历史和艺术的内涵以及城市固有特征，所包含的内容已远远超出了城市设计的对象范围。

考虑到城市景观照明作为政府行动的可操作性，其规划活动中所能干预的领域，除照明的量化控制指标和设施布局外，主要包括城市形象、历史文化、休闲旅游、节能环保等涉及夜间活动的公共事业领域，这些落实到规划策略实施层面时，包括照明分区策略、照明架构确立、夜间活动组织、智能控制策略等。

8.3.3 规划手段：多层面政策干预手段

2006年4月1日起施行的新版《城市规划编制办法》（建设部令第146号），在总则第三条明确指出"城市规划是政府调控城市空间资源、指导城乡发展与建设、维护社会公平、保障公共安全和公众利益的重要公共政策之一"。这意味着我国城市规划从计划经济时期的"建设性规划"，转变为强调战略研究和控制引导作用的"发展性规划"。

城市景观照明规划面对"城市发展"这个综合概念，难以作出全面理性的决策，本研究关注的重点是建立以程序理性为基础的规划过程，这需要多层面的调节手段提供保障。

政策层面上，规划的中心目标不是空间蓝图，而是对决策和行动的普遍导则，引导、调控景观照明发展的公共政策。

技术层面上，为行政管理者、决策者提供规划程序和方法的技术支撑，从而提高决策和公共景观照明资源供给的质量。

管理层面上，包括对于资源利用、建设活动等的管理和监控手段，注重通过程序的标准化和科学化，实现规划从目标到手段的统一。

8.4 景观照明规划的相关理论借鉴

从上述城市景观照明规划的核心内容与模式定位来看来看，涉及城市规划、美学、社会学、行为学、生态学等多个领域，本节将从景观视觉、城市经营、生态与环境、城市规划与城市设计等方面梳理相关理论，以求借鉴。

8.4.1 视觉认知相关理论的借鉴

有研究资料表明，人的视觉在人感知外部世界的过程中约占信息摄入量的83%，因此，视觉是人们最依赖的、感知外部世界的最直接的手段，而城市景观几乎就是城市形体环境和城市生活共同组成的各种物质形态的视觉形式。对于物质空间的视觉认知相关理论，主要包括视觉生理学、视觉心理学、色彩学和环境美学，对城市景观照明规划有着重要的借鉴意义。

（1）视觉生理学

从视觉生理学的角度，应特别加以注意人眼的对比敏感度和人眼的视觉适应两个概念。人对夜间环境的辨识和视觉舒适，很大程度上取决于视觉场景内各元素亮度的绝对值和对比关系，不同亮度背景下，达到相近的视觉效果，对目标的亮度要求可能会有很大差异。比如北京长安街上建筑立面的亮度一般在 $20cd/m^2$ 左右，但感觉上还远不如亮度为 $4\sim12cd/m^2$ 的国家游泳馆，因为后者的背景亮度远低于前者。所以城市景观照明规划应将背景亮度作为决定亮度指标的重要考量因素。另外，夜间景观照明应注意相应的空间序列和建筑处理，以符合人视觉明暗适应的生理特点，否则，生理上的不适感直接影响到对环境的评价。对使用者、功能性质不同的相邻地块，就应该控制两者之间光环境的过渡，视觉适应时间在决定城市序列空间尺度时是重要的参考数据之一。

（2）视觉心理学

视觉心理学能帮助我们把握视觉过程，理解物体的运动和它们的"含义"：进行城市景观照明规划时，需要了解的概念包含直接知觉和间接知觉、恒常知觉和非恒常知觉、错视与错觉、运动知觉等。人们在城市空间中运动，用眼睛捕捉着关于环境的连续画面，通过大脑的叠加整理得到对于城市景观形态的认识。每一个环境要素都在画面上占据着一定位置，但它们依据印象深刻的程度占有不同的地位，而几个要素放在一起就产生了另外的意味，所以它们的相互关系变得比个体存在更重要。这一规律对于城市景观照明规划有如下启发：对于起主导或重要作用的场景加以重点表现，可以收"事半功倍"之效，从而大大节省照明建设的投入，重点场景的视觉形体虽非城市景观的全方位实体，城市景观照明规划中只需要对这些部分加以控制，就能够引导人们对城市夜间景观总体印象的形成。另外，在城市景观照明规划中应集中形成一定的重点景观，引入适当的变化，避免视觉效果的单一和均质化。

（3）色彩学

进行城市景观照明规划，所应了解的色彩学知识包括定量表示颜色的色度学、研究颜色引起的心理效应的色彩心理学和色彩生理学，以及从美学的角度研究色彩构成和搭配的原则与规律的基础色彩学。色彩心理学和色彩生理学有助于研究人们对照明塑造的色彩的不同评价和偏好，以及色彩的象征性。色彩的象征性具有不可泯灭的社会文化价值，由于生存环境等各种原因的差异，不同的国家及民族，对于某一色彩的象征意义可能大相径庭，在照明规划中，光源色彩的选择宜"投其所好"，尊重当地的文化传统。但对色彩的冷暖、轻重、远近等心理感觉方面几乎没有什么不同。从色彩美学的角度来分析，色彩调和是城市景观照明中最重要的色彩构成方式。城市景观照明配色的实践中通常是以色相、明度、纯度某一属性为主的综合对比，以同时对比居多，动态变色照明涉及连续对比。色彩对比可以产生生动的视觉效果，然而单纯的使用色彩对比对人眼的刺激强烈，容易引起视觉疲劳而产生不和谐之感。色彩对比的组合关系要达到某种既变化、又统一的和谐美需靠某种组合秩序来实现。类似调和指利用色相、明度、纯度其中一项或两项元素的相似或相同来达到调和的效果。这种方法较对比调和而言更易获得协调的感觉。白光光源色表大体在白色至黄色范围间，单纯使用白光光源照明较易获得类似调和的效果，这是我国泛光照明中最常采用的类似调和的做法，不足是运用不当容易令人产生单调乏味之感。

（4）景观美学

景观视觉最具有表观性的美学意义在现实中始终占有重要的位置，城市景观照明也离不了对美学的理解。1896 年 George Santayana 区分了几种美学理论，即"感觉美学""形式美学"与"象征美学"。感觉美学把美视为一种趣味，而趣味只能是主观的，美是艺术的特征，艺术的创造又必须有人的主观作用，因此着重于人的内省分析。形式美学建立在格式塔心理学中感知理论的基础上，主要的理论问题集中在形象所引起的美感是否基于人们生理上的某些特征。象征美学主要关心的问题是人对环境的特点、建筑的外形所引起人们的联想，从而能引起人们的快感直到美感，它对环境设计中体现人们"自我认同"的需要有重要贡献。这几种美学理论可为景观照明提供规划设计的出发点。Santayana 区分了环境的感觉价值、形式价值、联想或表现价值。感觉价值源于快感。是由人们看到、听到、嗅到、尝到与触摸到的综合感觉而形成的。形式价值源于对象的各要素间存在一系列的关系，形成一定的模式。模式含有一定的"秩序"能够引起人们的"快感"。形式价值的最高原则是"统一"，但可从多种途径获得，如通过韵律、通过变化中求得秩序，对比中求得呼应等。联想与表现价值是指由感觉产生的联想与表现力。将感知到的意象与其脑际储存着过去积累起来的经验相比较，由此会产生联想。当今对环境美学的研究中有四种重要的理论倾向：信息理论、语义学、符号学、生物心理学。信息理论把环境视为一整套足以对人产生刺激的信息来对待，将景观视为有许多要素组合而成，要素间构成与组合的程度决定能否引起人们的快感。语义学的探讨集中在研究环境中的要素所表达的意义。这里意义指的是某种带有情感色彩的精神意义、社会意义、文化意义，属于精神范畴的内容。这一意义还要符合建筑本身的性格、功能特征，与"场所精神"相吻合。符号学可视为对语义学的扩展，强调文脉之重要性，相同要素在不同的地点可含有不同的意义。不同的文化体系对大自然与建筑环境可有全然不同的含义。生物心理学提出对个人引起注意力与该人对环境的兴趣有关，引起注意力的水平基于环境结构与个人个性、动机或需要。以上理论有助于我们在景观照明规划设计中有意识地寻求最佳解决方案。

8.4.2　城市经营相关理论的借鉴

城市规划领域长期以来以实证理论和功能规范理论为主要关注对象。研究模型主要关注城市形态、增长和功能，早期城市景观照明也确实以视觉美学为核心，但进入 21 世纪后，城市景观照明对城市的作用已远远超出"美化"的范畴。合理使用城市景观照明，能大大增强城市美誉度，提高城市活力。其作用体现在三方面：对内影响居民的生活方式，改善生活环境；对外使来访者产生愉悦感，吸引游客，具有经济上的价值；强调凸显历史人文资源可以有助于形成独特的品牌形象，带来附加价值。为达成以上目标，环境行为心理学、旅游学、人文地理学相关理论可以给我们有益的启发，而城市经营理论则为我们如何组织这些理论为设定目标服务提供了依据和方向。城市经营不仅以经济发展为出发点，还应强调社会进步和经济发展的结合。

（1）环境行为心理学

环境行为心理学是一门研究分析人的行为（包括经验、行动）与相应的环境（包括物质的、社会的和文化的）之间的相互关系，人们有什么样的心理就反映出什么样的外在行为。

只有了解人们的需要，才能建设真正的宜居环境。1954 年美国心理学家马斯洛（A. H. Maslow）在他的成长动机论中提出了"需要的层次"论。他认为人类有五种基本需要，即生理需要、安全需要、爱的归属需要、尊重需要和自我实现的需要。马斯洛的理论能够对人行为动机的不同方面进行归类，指导我们在设计中更好地满足人们不同层次的需求。

环境行为心理学的另一重要理论是认知地图、情感评价地图与审美评价地图。曾经感知过的具体空间环境在记忆中重现称"认知地图"。情感评价地图叠加了对环境共同的偏爱或厌烦，反映了记忆的性质，也就是因为对环境的喜爱而记住或是对环境的厌恶而记住，体现了不同环境对于人们情感归属和交往需求的满足，同时符合审美评价和情感评价的环境才能更有效满足我们的行为心理需求。

城市景观照明规划从主观、客观相结合的角度探索人的行为和心理与环境的内在联系，可作为建立规划构架的一种思想和方法。将环境行为学的一些成熟的理论成果应用于规划实践，了解照明对于城市空间的作用，并通过感觉、知觉和认知形成对照明环境整体的判断和评价，探索景观照明、城市空间与行为之间的内在联系，应用环境行为心理学的研究方法对照明环境进行研究，可以克服现在照明环境研究中只重视量化指标的问题，并在此基础上对城市景观照明规划提出新的规划设计视角。

（2）经济发展

Fretter（1993）强调指出：作为城市经济发展的一种规划工具，城市经营不仅要向潜在的旅游者和投资者宣传城市，而且要遵循推动城市经济发展这一基本原则，成为提升城市竞争力的有效途径。

首先，是城市土地的经营。土地是构成城市空间和城市功能的载体，是城市最宝贵的资源。城市景观照明将改善夜间环境，促使土地升值，形成级差地租，从而吸引投资者，使政府从土地增值中获得收益，达到城市自我积累、自我发展之目的。

其次，是城市环境的经营。从北京、上海、重庆从整治城市夜间环境入手，推动城市经济发展，提高综合竞争能力的实践表明，环境本身也是生产力，就是一种资本。在城市经营中，环境是最佳切入点，优美、和谐的城市夜间环境，不仅能够改善城市形象，提升城市品位，更重要的是能够增加城市对金融资本、人力资本的吸引力、凝聚力和辐射力。

再次，是城市基础设施的运营。城市基础设施是构成城市功能最重要的载体，通过资本运营不仅可以减轻政府对建设资金的投入，而且可以带来可观的效益。我国许多城市都建立了基础设施项目投资回报补偿的市场运作机制，即谁投资、谁受益，有效地吸引来外地和本地的资金，投入到亟待兴建的资金缺乏的基础设施中。当前，城市景观照明设施运行所需资金大部分由政府投资，纳入财政预算，并接受财政和审计部门的监督。除政府投资外，配合政府与社会单位共建及城市资源的市场运作。社会力量投资的景观照明设施所需建设费用，一方面由市政主管部门按照市人民政府的规定给予适当补偿，另一方面，通过设置景观照明后增加的营业收入获得间接补偿。城市照明也将逐渐走向市场，通过市场运作筹集资金，加速城市基础设施的建设。

最后，景观照明规划可通过建立特色的夜间城市形象和夜景旅游线路，打造城市夜景品牌、提升城市夜晚观光旅游的吸引力、促进旅游业的发展。合理规划夜晚购物、休闲娱乐场所的分布和照明方式，吸引人们消费，拉动城市综合经济效益的提高，改善经济结构状况，具有经济上的巨大价值；中国自改革开放以来，城市经济发展迅猛，特别是近年来国民经济高速增长，人民群众收入大大提高，城市消费在国民经济中的比重也越显重要，特别是夜间消费已成为城市居民一项重要的经济支出。

8.4.3　生态与环境相关理论的借鉴

生态学理论从分析生态系统的生态平衡，衍生出"共生"和"再生"等主要原则。1916年鲍罗·索勒首次将生态学与建筑学结合起来阐述城市建筑生态学理论。城市生态学的目标首先是将城市同周围环境的相互作用和城市建筑的可接近性发挥到极致；其次是最大限度地减少能源消耗，减少自然状态、未经加工的原材料和土地的使用；第三是减少废物垃圾量和环境污染。城市生态学理论的中心问题是能源利用效率，这一点与绿色照明的指导思想是一致的，因而，关于生态与环境的理论对城市景观照明规划思想和实践同样具有指导意义。

成立于1988年的国际暗天空协会提出"通过具有良好品质的户外照明，保护环境和我们赖以生存的黑天空"，其目标是加强品质性的夜间户外照明，有效制止光污染对黑天空环境的不利影响。同时，我国也正在大力推广绿色照明工程建设，因此，绿色照明与可持续建设应当作为城市景观照明总体规划中的一个重要内容，通过科学合理的规划，使城市景观照明最大限度地减少能源消耗，尽可能地避免照明设施废弃物对环境造成的破坏，减少不正确的人工光照对生态环境的污染。

8.5　研究框架的构成

在回顾分析了国内外城市景观照明及其规划的发展状况，分析了城市景观照明规划的核心内容与模式定位，并梳理了相关理论后，本节试图以我国城市规划体系为基础平台，构建作为专项引入的城市景观照明规划研究框架，目的在于对当前城市景观照明规划中的相关主要问题，从规划理念、程序内容和改进方法等方面提出补充和完善。这些改进策略经归纳，共同构成城市景观照明规划研究的核心技术要点。对应城市规划制定的基本流程，包括：价值取向、目标与评价指标体系的设定、基础资料调研和分析、规划策略的制定、规划管理、过程监控等，见表8-1。

基于问题导向的框架的核心技术要点及改善机制 表 8-1

目前景观照明规划存在的问题	核心技术要点	改善机制		
		规划理念	程序内容	改进方法
规划者陷入不同团体利益冲突的困境	价值取向	公共利益和城市发展观	价值观和优先权的界定和选择	多个利益团体的沟通，完善法规
规划成为树立政绩的工具	目标体系与评价	强化照明目标的主导作用	明确景观照明目标	城市景观照明目标的设定
景观照明目标空泛，难以落实		关注可操作性	评价指标体系的建构	城市景观照明指标的设定和应用
			指标测量	规范数据采集方法
缺乏对城市实际情况了解，规划没有针对性	基础资料调研	加强对城市特点的了解	基础资料调查与分析	规范调研内容和分析方法
以物为中心，缺乏对社会需求的了解		关注社会需求—服务的关联机制	全面有效的社会调查与分析	社会需求调查、分析与评估
缺少有效可操作的控制指标体系，难以支持管理	规划策略	规划是管理依据和规范手段	构建控制指标体系	设定控制指标体系和控制方式
景观照明过度发展，不符自有属性		全覆盖规划管理平台	照明区划管理策略	照明分区方法和相应照明控制要求
景观照明混乱无序，缺少城市特色		加强对城市空间结构的理解与表现	形象特色策略	载体选择、组织排序、照明主题
仅重视视觉刺激和照明设施布局，忽视社会活力和协调		关注社会活动、经济和需求之间的关联	夜间活动组织	夜间休闲、旅游、节日庆典活动的组织
光污染和能源浪费		绿色照明	节能环保策略	控制照明对象数量，照明标准，产品效率和照明控制
相关部门尚未建立有效协作机制	规划管理	强化政府公共服务职能	管理体制模式	规划与照明行政主管部门协作，专家和公众参与
规划成果体例不规范，内容深度不统一		加强规划的规范管理，适应我国行政规划体系	编制规划规范	提出规划的层次划分、基本原则、内容组成、编制流程
成果法律效力不明，影响使用		决策合理	完善的审批与监管程序	提出有效的审批流程和技术资料要求，多渠道促进分期建设规划的实现

城市景观照明规划作为一个新兴的课题，是一个较为宏观的、多学科交融的、多角度共同作用的研究内容，它与人居环境科学下的四个主要分支（规划、建筑、景观、技术）均有较为紧密的联系。该研究对象表现出明显的建筑学学科基本特征——科学和艺术结合。

本章首先辨析了城市景观照明规划的相关概念，结合前章关于城市景观照明及其规划发展历史和趋势的论述，得出城市景观照明规划的三个发展目标——景观视觉、社会活力、持续发展；并以此三个目标为出发点，梳理所对应的相关理论。其中景观视觉方面包括视觉生理学、视觉心理学、色彩学和景观美学；社会活力方面提出采用城市经营的相关理论，借鉴环境行为心理学、旅游学和人文地理学等相关知识，为营造城市夜间的宜居环境、拉动城市经济发展、开发城市人文资源提供理论支持；可持续发展方面则主要从节能和环保两方面阐述了城市景观照明规划所能采取的措施和对策。

最后，面对我国目前城市景观照明规划存在的最突出的问题：如何将城市景观照明学科和我国现有规划平台对接，本章回顾了城市规划本身的发展历程和趋势，分析了各种城市规划理论的核心思想，为下一步提出城市景观照明规划的编制方法和核心技术作理论准备。

第9章　城市景观照明的评价

我国的城市景观照明，在极短时间内经历了建设动机、理念和技术手段诸方面的飞速发展变迁，从初始的世人赞叹，群起效尤，到各显奇谋，争奇斗艳，再到今天的众说纷纭，毁誉参半，现存问题大都与对其内涵与价值取向认知的模糊或片面相关。在缺乏对于"什么是好"的评价标准的情况下，景观照明的发展只会是无序和混乱的。

首先，在立项阶段，很多城市景观照明往往是由"大事件"推动，缺乏从资金投入和社会经济效益的平衡方面进行严谨的可行性论证，随意性很大；其次，在设计环节，许多城市的景观照明方案往往不经过照明、建筑、艺术等方面的专业人员推敲、论证，而是由这方面行政主管领导仅凭设计效果图确定，这种"权力审美"的结果往往倾向于急功近利，以国外著名城市为范本"贪大求洋"的做法。最后，先进的理念如绿色照明、关注文化特质等已为舆论广泛接受，但是目前的实践仍存在表面化理解、简单化操作的问题。如牵强地使用龙凤等具象元素表现"文化"；不顾技术条件是否成熟，简单认为使用 LED 产品就是绿色照明、风能太阳能互补灯具就是可持续发展等。

要改变这种情况，就离不开正确的价值观，离不开科学的评价方法和评价体系的研究。对景观照明规划来说，无论是在制定前的光环境体检和效益评估，还是制定过程中的规划策略选择、方案优选及实施后的验收评估和价值评估环节，都会应用到景观评价的方法。城市景观照明的评价，应该包含过程的评价和结果的评价。过程应包含立项动议、规划设计、设备采购、现场实施、收尾等阶段。结果应包含安全质量、节能、光品质、效益等四个方面。评价的要求和评分标准，可根据现行国家标准《光环境评价方法》GB/T 12454 进行。

从城市景观照明评价的起点看，核心是从什么价值取向出发、反映什么问题，从而明确能形成什么评价能力、可用于什么问题，以此为依据再详细研究对应的指标。本章从规划的角度对城市景观照明能形成的评价能力和评价目的进行探讨，提出评价方法和建议流程。

9.1　景观照明评价的发展现状

9.1.1　城市景观评价的相关学科发展

很多人都具有对城市景观做出认知和判断的经历体验，景观（landscape）如果以狭义的范畴讨论，一般与美景、景致、风景等景观中诉诸视觉的美学属性相关，即公众易于理解和掌握的景观概念，时下人们关注的城市景观照明好坏的评价大都与此相关。然而，多维文化和科学研究事业中的景观属性就要复杂得多。

作为广义的城市景观概念，涉及由评价主体、环境客体及各种相关影响因素组成的系统，具有显著的复杂性。这种复杂性反映在：迄今为止，城市景观研究领域尚无一种具有普遍性实用意义的评价方法和理论，仍在多元的探讨争执中；其次，景观评价与特定的评价人群的工作、生活、职业背景相关，多元和多义性的评价是不可避免的，这样要将其提炼为人们所习见的那种建立在客观意义上的技术方法和科学原理就比较困难。

国外景观评价的相关研究开展较早，20 世纪中叶，随着环境保护运动的开展，从 20 世纪 60 年代中期到 20 世纪 70 年代初期，英、美、德等发达国家提出了一系列保护环境和风景资源的法案。法案中都要求对视觉资源进行评价，对视觉冲击影响进行评价，这些促进了景观评价研究的发展。1967 年 5 月英国景观研究团体（The Landscape Group）组织了景观分析方法座谈会；1975 年，在美国雪城（Syracuse）由纽约州立大学举行的会议，讨论了视觉属性与认知、视觉品质、评估方法及海岸地区视觉品质计划；美国学者奥姆斯特德（F. L. Olmsted）、麦克哈格（Ian McHarg）博士。德国地理植物学家特洛尔（Troll）等为景观科学学科的建立做出了贡献。景观科学的研究发展促进了景观评价方法和技术的发展，在实践中组建形成了专家学派、心理物理学派、认知学派（或称心理学派）、经验学派等学派和不同的评价模式。

国外早期的评价研究多与自然风景、林地、矿山等产业区相关，与城市景观评价有关的实例研究较少。托伯特·哈姆林的《构图原理》、S. E. 拉斯姆森的《建筑体验》等在理论层面进行了一些探讨。而凯文·林奇的《城市意象》、葛登·卡伦的《城镇景观》、E. D. 培根的《城市设计》等著作通过实例研究，为城市设计的整合和景观评价的理论发展又推进了一步。

9.1.2　景观照明评价的发展现状

我国城市景观照明发展迅猛，对完善城市功能、改善城市环境、提高市民生活环境水平等各方面发挥了积极作用。但是，从总体上说还是处于初级阶段，尤其是缺乏明确的指标体系和评价方法，针对目前城市景观照明建设，难以度量其发展水平。

1. 德国 Heinrich Kramer 教授曾提出优良照明设计的八条指导方针：

（1）照明应该给人以方向感并可以使之界定清楚他们在时空中的位置；

（2）照明应该在建筑和室内设计开始时就包含在方案里，而不是最后加进去的；

（3）照明应该支持建筑设计和室内设计的设计意图，而不能游离出来；

（4）照明应该在一个场所内造出一种状态和氛围，能够满足人们的需要和期望；

（5）照明应该满足并促进人际交流；

（6）照明应该有意义并传达一种讯息，亮度、色彩和运动本身并不象征着一种讯息，只有和有见识的经验相关联才有意义；

（7）表现照明的基本形式应该是独创性的，过多地使用大家熟知的主题只会产生一种令人厌烦的效果；

（8）照明应能够使我们看见并识别我们的环境。

2. 法国的路易斯·克莱尔提出的简化的优良照明检验表：

总体印象——你喜不喜欢它；

视觉舒适——没有眩光；

从不同角度观看——不同透视角度会显示不同的"画面"；

观念——能够看出设计创意。

3. 国家标准《城市光环境建设服务质量评价规范》提出关于过程和结果的评价架构（图 9-1）。

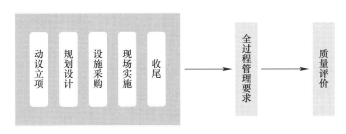

图 9-1 城市照明评价架构图

9.2 景观照明评价的主体、层次与作用

9.2.1 景观照明评价主体

城市景观照明评价的主体构成丰富多彩，个人或群体都可以通过各种媒介表达他们对城市景观照明的看法。由于知识基础、心理状态、社会文化背景和审美情趣等方面的差异，个人或群体从不同的角度、立场和出发点所做的评价也各有不同。为了研究方便，根据掌握专业知识程度的不同，把城市景观照明评价的主体分为公众和专业工作者两类。

（1）公众

公众是城市生活的主体，他们对城市环境和景观的评价是应该值得重视和认真对待的。公众并不是一个均质体，但他们的看法和公众舆论的形成仍有一定的规律性。绝大多数人对城市环境的真实了解局限在与自己日常生活相关的部分，对我们不熟悉的城市中的其他部分，往往是根据我们所知的去推测、想象，但常常犯这样的错误，即把更大范围的城市环境看成是我们自己个人生活空间环境的放大，而不是把个人生活空间环境看成是城市整体环境中的局部标本。走马观花式的旅游观光对一个城市的了解可能是片面和肤浅的，而对远离我们日常生活空间之外的环境又不可能有深入的真实体验，只能依靠各种媒介得到的二手信息去想象，而这些信息又多到使普通人难以处理与辨别。因此，没有专业知识和训练背景的公众，对城市景观照明的评价更多的是依靠直觉，主要是一种直观评价，很少考虑功能、造价和思想意识等隐性的内容。

在城市景观照明评价的公众主体中，作为业主有与其他公众主体不同的特点。首先，业主往往是城市照明建设项目的投资者、投资者的代理人，或者是投资的经营者，他们对项目有很大的决定权。因此，他们的评价对项目方案的选择往往是决定性的。其次，业主可能是使用者，即使不是使用者，出于利益的考虑，对项目方案外观方面的评价也不会只凭外表作结论。尽管不可能像专业人员那样全面系统地考虑，但他们仍会比一般公众更多地考虑到使用是否方便合理、造价是否经济等实质利益因素。他们代表着自身利益，评价以此为出发点，而普通公众不会直接去关注景观照明建设的利益层面。

城市公共利益一般由国家和政府部门来直接维护，但出于政绩考核等原因，政府官员

137

对城市窗口地段景观的显著变化更感兴趣，这些部分往往是走马观花的游客所能记住的，这两者的关注区域有很多重叠。普通百姓对日常生活环境更注意，对公共服务体系和住区小环境的视觉景观有更细致的认识。

（2）专业工作者

对任何事物要进行全面准确地评价，必须对事物要有深入的了解，要掌握一定的科学理论和方法。对城市景观照明的评价也一样，专业工作者能更准确、全面地对景观的价值做出判断。此处的专业工作者应具有两个方面的知识结构。

一是掌握城市景观照明的基础理论和城市景观照明规划、设计、建设、维护、管理等方面的专业知识，二是具备社会科学研究的基本知识，至少了解社会理论、资料收集方法和统计技术等。

与公众的直观评价相比，专业工作者对城市景观照明的评价考虑更加全面，多种评价因素的综合考虑是其突出特点。比如对某街头游园的景观照明进行评价，普通公众一般从与自己相关的直接利益和使用层面进行评价，如晚间照明是否充足、有没有合适的地方可以供几个朋友坐坐聊天等。而专业工作者会从视觉层面分析其背后的深层因素，或考虑更大范围的关系，比如游园在城市整体照明架构中的作用和地位、不同时段不同季节的景观与周围景物的视觉联系、照明要求等。

由于工作方式、研究方法的限制或价值观差异等因素的影响，专业工作者的评价有时会更强调长远利益、整体利益，直觉的反应被受过训练的观察方法掩盖，因而可能对现实的生活考虑不够，导致评价结果令业主和普通公众难以接受。城市景观照明的评价工作是为公众服务的，在一定的社会背景和时空条件下，只有协调好整体利益和局部利益、长远利益和当前利益，才能有利于人的生存和发展。因此专业工作者的评价不应排斥公众的评价，而应该走专家与公众相结合的道路。

（3）管理者

管理者的评价非常重要，因为他们长期从事照明管理工作，对管理范围内的优势、问题非常了解，同时明白症结所在。

请管理者评价，可从管理对象、管理制度等不同方面，提出评价意见，并可请管理者提出希望优化的方向。同时规划设计人员应与管理者进行充分讨论，就政策制度的执行方面，先进技术的使用方面了解管理者的需求，使得规划更好地执行。

9.2.2　景观照明评价层次

单项评价：建（构）筑物；开放空间（广场、公园等室外公共空间）。综合评价：城市景观照明总体发展水平。

单项评价与综合评价的侧重点有所不同。由于评价对象与评价目标复杂与多样，所选择的指标及侧重也会不同。

9.2.3　景观照明评价的作用

在制定景观照明规划前，对城市景观照明载体进行评价，以获得照明规划须解决的主要矛盾及次要矛盾，为之后的照明策略的制定提供依据。

在制定景观照明规划过程中，用以比对评估规划方案的优劣。

在制定景观照明规划后，对照明实施、竣工项目进行评价，评判是否满足规划要求，并为规划的修编提供支持和依据。

9.3 景观照明规划中的价值取向

城市规划过程中充满了选择——对未来的假设、优先目标、发展模式等等。而真正决定规划策略选择及其效用的，是关于价值观的评判标准问题，而非技术手段的选择问题。如城市景观照明状况的评价标准是什么？如何才算改善？是城市建筑的美观，还是能耗的控制，还是吸引游客的增长？

9.3.1 什么是好的——公共利益最大化

城市规划的根本目的是实现社会公共利益的最大化。城市景观照明规划设计的公共利益体现在提高城市的夜间视觉环境质量、改善夜间户外活动条件、旅游经济、城市美誉度带来的吸引力和综合竞争力提高等。对于何为有利于公共利益的选择，其评判准则的来源一般来自取得社会共识的主导理念。政策导向、风俗民情、时代变迁都会形成主导理念的变化。

在具体操作层面，关于公共利益的概念至今仍缺乏明确统一的判别标准，景观照明规划对资源进行分配时，往往陷入不同利益集团斗争的选择困境。包括名义上最重要但却缺乏明确主体，难以提出有效诉求的公众利益、地方政府部门的官方利益、委托方的集团利益（尤其我国当前城市景观照明建设大部分是由政府或有政府背景的事业单位承担，对财政的预算和支出监审不足、部门利益驱动或不正确的政绩观下，建设随意性很大，很容易出现过度超前建设的问题），相关社会团体（施工方、照明设施供应商）和个人利益等。

作为解决对策，应强化和完善城市景观照明规划管理中对公共利益的明确界定和法律保障，提供听证会、讨论会等多种正式和非正式的交流和表达途径，并完善规划行政操作规程。

9.3.2 什么是发展——社会的全面协调发展

城市景观照明规划作为一个涉及夜间空间使用条件资源协调和优化的过程，需要判断发展趋势的方向，也需要确立衡量的标准，其核心来自城市发展观——什么是发展？

2003年十六届三中全会上提出的"五个统筹"的科学发展观，体现出城市发展的重心更多地转向社会的全面协调发展。对城市规划而言，城市发展观的重大变化主要体现为以下两点：

（1）城市发展的最终目标从经济向社会转变

反映人们生活品质的社会要素已成为大众的关注要点，超过经济发展和收入水平等经济要素。城市规划不仅仅是一个经济学问题，经济增长和基础设施建设只是实现最终目标——社会的整体可持续发展的一个手段。所以，城市景观照明从规划目标、策略的制定，到评价标准，始终应围绕着最终的产出——良好的社会生活质量，而不仅仅是通过喧嚣热闹的视觉刺激来人为表现城市发展的"现代化水平"。当然，在不同的自然地理条件和社会经济条件下，不同城市对良好生活质量的目标定义并不相同，景观照明建设需求也有差异，因此不能脱离实际需求来判断发展水平的高低。

（2）城市发展衡量标准从经济增长向社会发展的转变

进入20世纪后，在经济发展观主导模式下使用的GDP标准已无法真实反映城市社会进步状况。20世纪中叶，西方国家的指标运动从经济学、社会学、环境角度对GDP提出修正。如人文发展指标HDI（Human Development Index）、环境可持续发展指标ESI（Environmental Sustainability Index）等。

我国近年来在城市发展方面不断出现新的评价体系，如安全城市评价体系、和谐社会指标体系、宜居城市科学评价标准等。其标准的关注点从早期的物质投入的测量，转向多维度的生活质量评价，包括休闲环境等影响现代生活品质的非经济要素，并且部分用"居民满意度"来纳入主观意向评价作为衡量依据。

城市景观照明发展的衡量标准在对经济和物质环境的关注之外，也应纳入对人文、宜居、环境等社会因素的考量，更好地支持宏观决策。

9.3.3　景观照明的主要规划目标和指标层

如前所述，公共利益最大化和社会全面协调发展是规划的最终目的，面对如此宽泛的社会发展内涵，城市景观照明规划只对部分属于其行政职能范畴的目标是可控和可实现的。由此归纳城市景观照明中的主要目标，可概括为以下四项：

1. 照明资源供给与社会需求的协调。尽可能实现景观照明资源的多元化和适宜性，即及时、密切地应对社会各方面的需求，提供多样化的选择。

2. 保障景观照明资源的公平分配。保证夜间景观照明场所分类、分布的均衡，并保证规划过程和规划结果的合理性。

3. 改进夜间环境满足精神文化需求。创造宜人的城市景观和安全的城市环境，为照明的可持续发展提供良好的支撑空间环境。

4. 照明与经济、生态环境系统的统筹发展。在城市空间资源分配和调整过程中，强调将照明要素与经济、生态等方面共同纳入城市发展目标中，对成本和收益进行全面核算与合理评价。

在规划研究中应对这些目标进行体系分解与落实，以确保在具体规划策略中的贯彻执行。上述各项景观照明规划目标要通过指标转换，才能发挥对于规划过程的导向作用，同时还可以为景观照明的评价提供测量标准。

据此，对城市景观照明评价指标的建立可从社会服务、形式美学、环境保护与经济效益四个指标层次进行剖析。社会服务是指景观视觉形式的内容与象征的指标层次及从景观的层面判断区域环境提供给人类的心理需要；形式美学主要是指景观实体环境的视觉形式的价值；这两者主要构成景观照明满足人类精神层面的需要。经济效益层次是指从景观照明带来的产出与投资收益，是从人的角度来看；环境保护层次是指从景观层面体现区域环境对于共生的所有生物的生态需要，是从长远利益出发。两者主要指的是景观照明满足人类的物质层面的需要。任何单一的指标层次的评价都是片面的，只有全面考虑景观照明的社会服务，形式美学、环境保护与经济效益，才能兼顾眼前利益和长远利益，才有利于景观照明学科的可持续发展。

9.4 景观照明评价指标体系

评价的内容因对象和目的不同和呈现复杂与多样性特征，因此评价指标的具体构成应根据研究对象和目的的要求而定。同时，由于指标在资源、目的和手段概念之间的复杂联系，四个指标层次之间不可避免也会因实际情况的差异导致存在交叉和重叠的指标。因而难于提出一个绝对合理或者完善的通用方案。这里仅对景观照明评价中较为常用的评价指标进行归纳（图9-2、表9-1）。

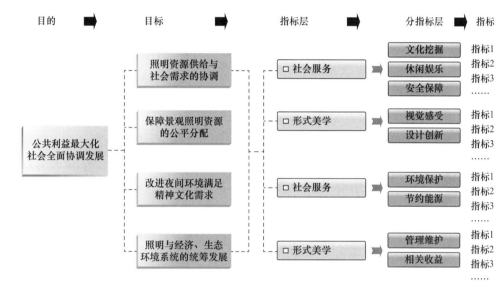

图 9-2 景观照明评价指标的建立

城市景观照明评价指标体系表   表 9-1

指标层	分指标层	指标	客观指标	主观指标
社会服务	文化挖掘	体现载体环境文化特色		⊙
		是否具有城市特色、符合城市定位		⊙
		是否对城市标志性景观设置了景观照明		⊙
	休闲娱乐	夜间活动场所多样性		⊙
		夜间活动场所分布		⊙
	安全保障	安全警示照明		⊙
		照明设施安全隐患		⊙
		开放空间照度水平	⊙	⊙
		开放空间照度均匀度	⊙	⊙
形式美学	视觉感受	景观照明创造的氛围是否与观察者的期望吻合		⊙
		色彩	⊙	⊙
		动静	⊙	⊙
		亮度	⊙	⊙
		立体感	⊙	⊙

续表

指标层	分指标层	指标	客观指标	主观指标
形式美学	视觉感受	对比度	⊙	⊙
		秩序与节奏		⊙
	设计创新	照明设施与环境融和		⊙
		设计理念创新		⊙
		表现形式创新		⊙
节能环保	环境保护	眩光阈值增量	⊙	⊙
		眩光限制值	⊙	⊙
		动植物生存环境的危害	⊙	
	节约能源	功率密度	⊙	
		照明设备效率	⊙	
经济效益	管理维护	投资与预算吻合	⊙	
		用电量评估	⊙	⊙
		维护管理评估	⊙	⊙
	相关收益	照明对旅游业的带动		⊙
		照明对商业的带动		⊙
		城市吸引力与知名度		⊙

9.4.1　社会服务

单项评价：包含两个层面，一是观察者对景观照明质量的意见反映，为了建立人对景观照明的主观评价与客观的物理指标之间的对应关系，世界各国的科学工作者进行了大量的研究工作，大部分成果已经列入各国照明规范、照明标准或照明设计指南，成为景观照明设计和评价的依据和准则；另一方面主要是评价景观照明对载体环境特色文化、历史风貌、建筑风格的展现程度。

综合评价：对城市景观照明的人文评价衡量景观照明规划设计中对城市精神理念和地方文化的融合程度，是否能够通过视觉的传达，表现城市的个性和城市的精神，使人们对城市产生一致的认同感。

社会服务评价指标层主要有：

（1）是否能够体现载体环境文化特色

载体景观照明的设计与实现应重视地方历史文化内涵的发掘，本土特色的传承和民族民俗文化的弘扬。以文物古迹、传统街区等为代表的传统文化型载体与新都市文化、高科技文化型载体的景观照明方式与手段应有所区别，作为夜间延续历史文脉，保持城市记忆的重要元素。

（2）是否具有城市特色、符合城市定位

城市景观照明应体现照明对城市历史、政治、经济、文化的认识，经过提炼与升华，通过形象定位，形成城市的特征。

（3）是否对城市标志性景观设置了景观照明

城市景观照明应通过标志性景观照明设计，如城市天际线的设计、城市出入口处的设计、城市街道、广场、雕塑的设计，形成独具风格的夜间城市风貌。

（4）是否满足市民夜间活动的需要

城市景观照明的范畴应从单纯的物质空间扩展到加入各种相互作用并影响空间形成的活动，强调人与环境、社会与空间的互动关系，城市景观照明趋向于对城市夜间空间和活动的全面组织，包括夜间活动场所的类别是否丰富，场所的分布是否合理。

（5）安全警示照明

对存在安全隐患的夜间活动区域，是否提供了安全警示照明，如滨水警示照明。

（6）照明设施是否存在安全隐患

评估照明设施的安装、布置是否规范，是否符合安全标准，是否存在安全隐患。

（7）开放空间照度水平

确定照度水平要综合考虑视觉功效、舒适感与经济、节能等因素。提高照度水平对视觉功效只能改善到一定程度，并非照度越高越好。

（8）开放空间照度均匀度

广场、公园等场所室外公共活动空间宜将照度均匀度作为评价指标之一。

9.4.2 形式美学

单项评价：照明要为它所塑造的物体服务，适当的景观照明可以增加美学价值。建筑及开放空间景观照明的形式美主要包括色彩美、形体美、肌理美、空间美、虚实美等方面。

综合评价：城市照明不仅是提供良好的视觉环境，也是提高空间的美学价值的手段。当把城市景观照明当作一个整体来构思、感受和实施，建筑及开放空间照明所形成的空间秩序和夜间城市肌理会成为更受关注的对象。

形式美学评价指标层主要有：

（1）景观照明创造的氛围是否与观察者的期望吻合

城市景观照明所形成的视觉氛围既要体现出照明对象外在的形式美，也要与其功能、风格和谐统一。

（2）色彩

光色：光源色表的选择取决于光环境所要形成的气氛。比如，照度水平低的"暖"色灯光（低色温）接近日暮黄昏的情调，能创造亲切轻松的气氛；而希望表现活跃、现代气氛，宜于采用"冷"色灯光（高色温）提供较高照度。

显色性：景观照明光源显色性应以一般显色指数 Ra 作为评价指标。

彩色光：景观照明中不应出现不协调的颜色对比。

（3）亮度

建筑物、构筑物和其他景观元素的亮度是否过高、是否过低，整体空间亮度分配是否合理。

（4）立体感

用光造成亮暗对比效果，显示物体三维形体的能力。景观照明中的立体感评价主要是为了减少阴影，更好地展示被照对象的细节。如城市设施的外观造型的辨识。

（5）对比度

亮度对比度：建筑物和构筑物的入口、门头、雕塑、喷泉、绿化等，可采用重点照明凸显特定的目标，被照物的亮度和背景亮度的对比度宜为 3～5，且不宜超过 10～20。颜

143

色对比度：夜景照明中不应出现不协调的颜色对比；当装饰性照明采用多种彩色光时，应当事先进行验证照明效果的现场试验。

（6）秩序与节奏

同一场景城市景观照明各要素在照明效果上应具有某些共同特征，它们之间最好具有某种关联、呼应和衬托的关系，光色有规律地分布以及亮（照）度节奏都可以带来统一有序、节奏分明的效果。

（7）照明设施是否与环境融合

照明设施是否隐蔽，外观是否与景观协调，是否喧宾夺主。

（8）景观照明理念是否创新

景观照明是否具有创新的理念，与当地文化或使用者发生共鸣的部分。创新的照明带领着景观照明不断进取。

（9）景观照明表现形式是否创新

表现照明的基本形式应该是独创性的，特点鲜明的形式感觉是形式美的重要原则。

9.4.3 节能环保

单项评价：城市景观照明是现代城市建设的一个有机组成部分，它既是科学，又是艺术，同时也要受环境承载能力的制约。是否推行合理的设计标准，采用环保高效的照明设备、防治光污染是衡量建筑及开放空间景观照明水平的重要指标。

综合评价：在城市环境下"生态"不仅指个体与社会的关系，也指人与其他生物组成的群落的关系。城市景观照明的生态价值不仅体现在为人提供了更好的生活空间，同时体现在不损害其他生物的生存状况。生态评价是对城市景观照明可持续发展能力的综合考察。

环境保护评价指标层主要有：

（1）眩光

眩光的形成是由于视场中存在较高的亮度或亮度对比，而使视觉功能下降或眼睛感到不舒适。城市景观照明应尽量采用控光较好的灯具或使用防眩光配件，选择合理的安装位置，避免产生不舒适眩光。以阈值增量及眩光限制值来评价。

（2）对动植物生存环境的危害

过度的人工光照射干扰动植物的正常生活规律，以及照明废弃物污染环境，都会破坏生态系统的平衡。

（3）功率密度

建筑立面单位面积功率标准是衡量照明节能的重要指标。我国《城市夜景照明设计规范》JGJ/T 163-2008 中，对不同城市背景下建构筑物的功率密度设定了标准。建筑立面夜景照明单位面积功率也同样受立面反射比、洁净度、和环境亮度这三个因素影响，应在不与标准要求冲突的基础上，酌情评价。

（4）照明设备效率

评估是否选用高光效光源，降低光效低、能耗大的白炽灯、美氙灯和自镇流高压汞灯的用量；选择高效优质、配光合理和安全可靠的灯具；灯具效率和配光是否适合应用场所。

（5）是否对环境造成光污染

评价照明设施是否对周边环境形成了光污染；是否对周边住户、行人造成眩光干扰；是否有过量光线逸散至夜空中，一方面造成金钱和能源的浪费；另一方面使天文观察难以甚至完全不能进行。

9.4.4 经济收益

单项评价：对景观照明项目是否使投资人受益、项目实际投资与预期投资水平是否吻合、日常维护费用是否合理的综合评价。建筑或开放空间的景观照明收益主要指通过提升对象的视觉吸引力所带来营业额增加与景观照明投资成本之差。

综合评价：进行城市景观照明建设的一个重要动力是通过增加夜景照明，在塑造城市夜间形象的同时，刺激和引导城市夜晚观光旅游、休闲娱乐、购物消费等活动，带来城市综合经济效益的提高。城市照明所带来的区域经济行为变化或经济效应，以节电量、资金投入产出比、刺激商业、旅游业发展带来的经济增长等因素来衡量。

经济收益评价指标层主要有：

（1）城市景观照明工程投资是否与投资预算吻合

综合评估城市景观照明项目的经济性、必要性以及可实施性。

（2）城市景观照明项目用电量评估

在取得同样照明效果的前提下，选用高效节能的照明灯具及合理的排布方式，控制用电量、节省电费以取得最大投资收益。

（3）维护费用是否合理，并有持续的资金投入保证

城市景观照明设施运行所需资金应当纳入财政预算，且专款专用，保证维护、管理经费的正常支出，并接受财政和审计部门的监督。除政府投资外，同时配合政府与社会单位共建及城市资源的市场运作。社会力量投资的景观照明设施所需建设费用，可由市市政主管部门按照市人民政府的规定给予适当补偿。

（4）是否通过在旅游景区设置景观照明增加了旅游收入

城市景观照明通过树立城市形象向潜在的旅游者和投资者宣传城市，而且要遵循推动城市经济发展这一基本原则，成为提升城市竞争力的有效途径。

（5）是否通过在商业街区设置景观照明提高了营业额

合理规划夜晚购物、休闲娱乐场所的分布和照明方式，对于吸引人们消费、拉动城市综合经济发展、改善经济结构具有巨大价值。

（6）是否通过城市照明改善了城市形象，增加了城市吸引力

优美、和谐的城市夜间环境，不仅能够改善城市形象，提升城市品位，更重要的是能够增加城市对金融资本与人力资本的吸引力、凝聚力和辐射力。

9.5 景观照明评价方法

9.5.1 评价方法的选择

第一种类型称为详细描述法——侧重形式美学及生态价值的客观评价，多为专家所

采用。

  这类方法是侧重于"景",是对景观的物理特征进行分析研究的客观方法;城市景观照明总体规划、大型景观照明建设项目的方案选择和改进等问题涉及城市居民的长远利益,需要精确、全面地考察,专家法在评价城市景观照明的美学价值和实质环境评价方面信度和效度都很高,应是首要的选择。

  第二种类型称为公众偏好法——侧重个人或群体的主观感受的评价方法。多为公众评价。

  这类方法是侧重于"观",是对个人或群体的主观感受进行分析研究的方法;当评价是为了提高公众对城市景观照明的视觉品质满意度时,一般采用心理模式或认知模式。这类模式是以公众的评价态度为依据的,按照这类模式的结论去指导景观照明建设或改造项目容易取得公众的认可。

  第三种类型称为综合法——详细描述法与公众偏好法的综合,主要包括心理物理模式,是将主观方法和客观方法结合起来进行研究的方法。

  这种方法既可以对已有的照明环境质量进行评价,又可鉴别出一些影响知觉的重要线索,为规划设计者提供判据和参数。因此,是城市景观照明评价最推荐的方法,即从城市照明规划的角度建立城市景观照明评价系统,对于涉及观察者感受层面评价采用主观评价指标进行度量,而对于客观指标采用科学的测量手段评价。

9.5.2 景观照明语义差别量表评价法

  在城市景观照明中,采用问卷、量表和量值评估法等,将物理参数与主观反应联系起来。对于单个因素和不复杂的问题可以获得一定的结果,但这种方法不能解决比较复杂的课题。所以采用语义差别评价量表。这种量表由一对反义的形容词和一个奇数的量表组成。如评价环境的愉快程度可以用下列语义差别量表:

不愉快的 | −3 | −2 | −1 | 0 | 1 | 2 | 3 | 愉快的

这种量表既说明了评价的情感倾向,也表示了程度,较之其他方法更为准确。

  若人们要从视觉上描述和区别不同的景观环境,就需要设定一系列描述的量表。量表是由一个贴切的、有意义的和清晰的空间描述词集里摘选出来的。量表的设计需要注意选择那些对于所研究的对象之间能有最大区别的形容词。当涉及的量表较多时,可根据这些量表的性质归纳成几种指标,即一个评价指标下包括若干个语义差别评价量表,再由几个指标组成评价这个环境的评价系统。表9-2为每项主观评价指标对应的量表。量表内容部分参考郝洛西教授对于建筑及环境的描述性用词实验结果。

主观评价指标语义量表设计   表 9-2

指标层	分指标层	指标	量表设计
社会服务	文化挖掘	体现载体环境文化特色	与当地文化不契合的-和当地文化契合的 无特色的-有特色的
		是否具有城市特色、符合城市定位	与身份不吻合的-与身份吻合的
		城市标志性景观设置了景观照明	标志性景观照明不恰当-标志性景观照明恰当
	休闲娱乐	夜间活动场所多样性	室外场地类型单一-类型多样
		夜间活动场所分布	场地不易于达到的-易于达到的

续表

指标层	分指标层	指标	量表设计
社会服务	安全保障	非功能照明区域安全警示照明（滨水）	不安全的-安全的
		照明设施安全隐患	
		开放性空间照度水平	暗淡的-明亮的
		开放空间照度均匀度	不均匀的-均匀的
形式美学	视觉感受	景观照明创造的氛围是否与观察者的期望吻合	紧张的-放松的 公共的-私密的 不愉快的-愉快的 无感染力的-有感染力的 不和谐的-和谐的 生动的-呆板的
		色彩	不多彩的-多彩的 颜色不真实-颜色真实 颜色柔和的-颜色鲜艳的 冰冷的-温暖的
		动静	宁静的-热烈的 静止的-动态的
		亮度	昏暗的-明亮的
		立体感	无立体感-有立体感
		对比度	对比不鲜明的-对比鲜明的
		秩序与节奏	混乱的-有秩序的 层次模糊的-层次分明的
	设计创新	照明设施与环境融和	照明设施与环境不和谐-和谐
		设计理念创新	不新颖的-新颖的 一般的-特别的
		表现形式创新	照明无印象-印象深刻 单调的-有趣的 无风格的-有风格的
节能环保	环境保护	眩光阈值增量	有眩光的-无眩光的 刺眼的-不刺眼的
		眩光限制值	
经济效益	相关收益	用电量评估	浪费的-节约的
		维护管理评估	维护管理费用不合理-合理 资金来源不足-充足
		照明对旅游业的带动	没有促进-有促进
		照明对商业的带动	
		城市吸引力与知名度的带动	

语义差别量表主观评价的方法已在照明环境评价中广泛应用。举例来说，伊斯坦布尔的博斯普鲁斯海峡的照明规划，就采用语义差别量表主观评价的方法来进行照明规划方案的评估，量表的设计侧重形式美学的评价，包括：美-丑、看起来温暖的-看起来冰冷的、喜欢-不喜欢、简单-复杂、眩目-非眩目、放松的-紧张的、明亮的-昏暗的、刺激的-压抑的、明显的-暧昧的、多彩的-不多彩的、生动的-呆板的、和谐的-不和谐的、愉快的-不愉

快的。通过对规划之前与规划之后效果的主观评价，找到了规划设计的主要矛盾，有的放矢地制定并调整规划策略。

9.5.3 语义差量评价法应用实证

笔者以宁波三江六岸照明规划设计为例，研究照明规划方案与原有照明现状的比对。宁波三江六岸是城市最核心的地带，周边分布了商务、办公、行政等一系列体量高大的建筑，加上三江在此交汇，形成了特色鲜明的城市景观。目前的夜间照明设施是在2000年左右布置的，已经到了全面更新的阶段。宁波三江六岸照明规划设计侧重对城市夜间景观的改善，因此制定了两套照明规划方案，与照明现有状况作以比较。通过语义差量主观评价的方式对照明场景的三个效果进行问卷调研，来明确规划方案的优劣，并采取相关性研究方法，得到最影响照明项目优劣评价的变量，对之后规划方案的深化提供依据。

（1）调研对象

选取宁波三江六岸约9公里沿岸两侧建构筑物、景观作为主观评价对象（详见景观照明详细规划对城市特征的发掘——宁波三江六岸照明规划为例）。以三江口船舶广场位置为观察点，分别对规划后节日照明效果图（图9-3），以泛光照明为主，突出建筑亮度层次与体量，针对三江驳岸采取三种颜色照明，并通过水面倒影形成更大的反射亮面。规划后平日照明效果图（图9-4），采用同A相同的驳岸处理，并关闭建筑主体大部分泛光，采用与驳岸颜色一致的竖向线条将地段整合。目前夜景现状照片（图9-5）为现状夜景。

图9-3 规划后节日照明效果图（A）

图9-4 规划后平日照明效果图（B）

图9-5 现状夜景（C）

本次调研采取电脑显示的方式来发放调研问卷。有研究表明，email 形式和传统形式的调查回馈率是相似的，并无征兆显示其调查质量会受到影响。因而本次的调研基于电脑显示的图片来进行评估。

（2）实地测量

对宁波的夜景现状进行亮度的测量。测量数据将与主观评价结果对照分析。

（3）主观评价

1）语意差别评价分析量表设计（表9-3）。

量表的选择

表 9-3

评价准则	指标层	指标	语义量表
社会服务	文化挖掘	是否具有城市特色、符合城市定位	照明与身份不符合的-符合的
形式美学	视知觉感受	景观照明创造的氛围是否与观察者的期望吻合	紧张的-放松的 和谐的-不和谐的
		色彩	冰冷的-温暖的 多彩的-不多彩的
		动静	宁静的-热烈的
		亮度	昏暗的-明亮的
		秩序与节奏	层次模糊的-层次分明的
环境保护	控制光污染	眩光限制值	刺眼的-不刺眼的

本次量表内容包括评价色调气氛（Var01），环境氛围（Var02），色彩丰富度（Var03），视亮度（Var04），照明与身份匹配度（Var05），对情绪的影响（Var06），眩光容忍（Var07），和谐度（Var08），层次感（Var09）及整体评价（Var10）几个方面。

量表设定为 7 个等级，$-3 \sim +3$。

2）被访者选择

为使得本次调查研究具有普遍性并顾及专业性影响，本次调研有效问卷 35 份，其中非照明专业人士 21 份，照明专业人士 14 份。

3）量表先导检验及信度分析

先导检验：为衡量问卷量表设计的是否合理，须对问卷进行先导检验（T-test 检验）。方法是求出每一个题项的"临界比率"（critical ratio；简称 CR 值），若题项的 CR 值达显著水准（$\alpha < 0.05$ 或 $\alpha < 0.01$），即表示这个题项能鉴别不同受试者的反应程度，此为题项是否删除首应考虑的。本次调研先导检验采取配对检验的方法，即图 A，图 B，图 C 配对先导检验，根据 SPSS 软件分析，量表中除眩光容忍（Var07）变量外，均通过独立样本 T-test 显著性检验。

信度分析：所谓信度，就是量表的可靠性或稳定性。国外学者认为，α 系数值大于 0.70 是最小可接受值，α 系数在 0.70~0.80 较好，α 系数在 0.80~0.90 相当好，α 系数在 0.90 以上信度非常好。

本次调研的信度分析结果为：图 9-3 为 0.756，图 9-4 为 0.897，图 9-5 为 0.738。信度分析结果表明，调研问卷测试结果具有较好的稳定性和可靠性。

（4）实地测量结果

如图 9-6 所示，对现状照明的楼体的亮度测量，发现广告的平均亮度（平均为 40~

149

65cd/m²）远高于建筑物的平均亮度（0～20cd/m²），大部分建筑物夜间自身的形象并不明晰。建筑物之间缺少亮度层次。

图9-6　现状照明亮度值分布

（5）主观评价平均值

三栋建筑主观评价问卷各题项平均得分见图9-7。可以看出图9-3（A）的各项分值均高于图9-4（B），图9-4（B）的各项分值均高于图9-5（C）。可见，规划方案A、B均对目前的照明现状有明显的提升，且规划方案A更略优于规划方案B。

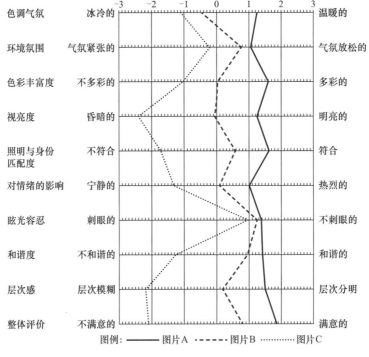

图9-7　图ABC量表平均分值分布图

（6）各项量表与整体满意度（Var10）相关度分析

笔者通过SPSS软件分析求得各栋建筑的整体满意度（Var10）与单项量表之间的相关系数。以此推测影响建筑夜景整体满意度的关键因素。

由表9-4可知，图9-3的整体满意度（Var10）与照明与身份匹配度（Var05）、层次感（Var09）、色彩丰富度（Var03）、环境氛围（Var02）密切相关，且相关系数依次降低。

三张图片整体满意度（Var09）与其他各项量表的相关　　表 9-4

图 A	Var01	Var02	Var03	Var04	Var05	Var06	Var07	Var08	Var09
Var10	.242	.443＊＊	.471＊＊	.322	.601＊＊	.184	.352＊	.400＊	.562＊＊
图 B	Var01	Var02	Var03	Var04	Var05	Var06	Var07	Var08	Var09
Var10	.480＊＊	.735＊＊	.631＊＊	.627＊＊	.678＊＊	.621＊＊	.315	.639＊＊	.645＊＊
图 C	Var01	Var02	Var03	Var04	Var05	Var06	Var07	Var08	Var09
Var10	.364＊	.292	.106	.479＊＊	.745＊＊	-.065	.047	.719＊＊	.804＊＊

注：＊＊$P<0.01$ 或 ＊$P<0.05$ 时，应否定相关系数为 0 的假设，即变量之间相关。

图 9-4 的整体满意度（Var10）与环境氛围（Var02）、照明与身份匹配度（Var05）、和谐度（Var08）、色彩丰富度（Var03）、视亮度（Var04）、对情绪的影响（Var06）、色调气氛（Var01）密切相关，且相关系数依次降低。

图 9-5 的整体满意度（Var10）与层次感（Var09）、照明与身份匹配度（Var05）、视亮度（Var04）密切相关，且相关系数依次降低。

总体来看，影响整体满意度的关键变量为：层次感（Var09）、照明与身份匹配度（Var05）。

可见，在评价城市夜景照明的优劣中，最主要的因素集中在场景层次丰富度及照明与该地区环境匹配度。

（7）综合分析

场景层次丰富度，影响场景是否层次丰富（Var09）的因素包含：亮度层次与色彩层次。

1）亮度层次

图 A 楼体对建筑物采取传统的泛光照明，图 B 关闭楼体泛光，采取不同常规的方式，设置成组竖向发光线条将地段内楼体统一。较之整个场景的视觉亮度与特色照明，人们的第一印象更关注前者而非后者。图 C 中广告与建筑的亮度关系失衡，整体光环境过暗，而导致各个变量的负面评价。

C. M. H. Demers 在《光与空间的质量》一书中提到，以对比度作为空间视觉质量的主要评价标准。对构图中的亮度（brighting-ness）分布采用图像分析软件为工具。通过 PHOTOSHOP 中直方图命令来获得场景中的亮度分布。垂直坐标为像素的数量，水平坐标为亮度值，亮度值范围从 0%（黑）到 100%（白），对应 0~255 的数值。直方图的水平维度描述整个图像的对比度。越紧凑的直方图亮度层次分布越小，分布越广的直方图亮度层次越大。如图 9-8 的亮度直方图，亮度分布从 0%~80%，平均值 40.35，并具有丰富的亮度层次。

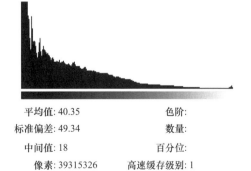

平均值: 40.35　　　　　色阶:
标准偏差: 49.34　　　　　数量:
中间值: 18　　　　　　　百分位:
像素: 39315326　　　　高速缓存级别: 1

图 9-8　亮度直方图

图 9-9 具有与图 9-8 相近的亮度直方图，平均值略低为 38.46，亮度层次与图 9-8 接近。图 9-10 的亮度直方图，亮度分布从 5%~40%，平均值 25.04，尽管实际测量中广告与建筑物形成很高的亮度差，但在整个视觉场景中高亮度面积很低，因而亮度层次单一。

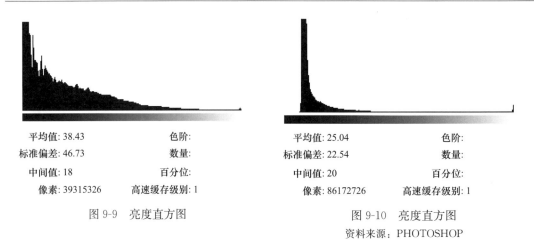

平均值: 38.43	色阶:
标准偏差: 46.73	数量:
中间值: 18	百分位:
像素: 39315326	高速缓存级别: 1

图 9-9 亮度直方图

平均值: 25.04	色阶:
标准偏差: 22.54	数量:
中间值: 20	百分位:
像素: 86172726	高速缓存级别: 1

图 9-10 亮度直方图
资料来源：PHOTOSHOP

层次感（Var09）评价得分高的图 9-8，图 9-9 的亮度分布直方图都提示场景亮度范围分布广，亮度层次丰富。

2）色彩层次

相同亮度的景观载体可通过照明光色来获得颜色上的区分进而丰富视觉层次。

在色彩上，图 9-8 与图 9-9 对于驳岸部分采用了彩色光处理，与水面倒影的结合，使场景的色彩感更加丰富。图 9-10 画面色彩单调。夜间被照物最终呈现于观察者的是载体的表观颜色，即光源颜色与载体固有色共同作用下的结果。在照明规划中，应考虑到二者相互作用的因素来确定采用的光源颜色。并可将其分为若干类别来作为建构筑物、景观照明的控制要求，一方面可以丰富视觉层次，另一方面也可以避免光色过于混乱带来的不适。

3）照明与该地区环境匹配度

对于照明是否与该地区相匹配（Var05）则更倾向于个人情感与主观性的评估，涉及与当地环境、文化的融合等综合因素。可以看出人们在评价整体满意度时，在照明对地域特征的匹配上非常关注，是在保证层次感基础之上更高的要求。这是对于后期照明详细规划及概念设计中所应侧重的方向。

9.6 评价流程

城市景观照明的评价包括两部分的工作，一是按照评价标准、根据收集的评价资料对城市景观照明品质进行评价；二是评价成果的表达。

针对城市景观照明各要素进行评价，需根据社会服务、形式美学、经济效益、环境保护评价指标打分，再综合权重系数得出总分值进行各要素照明品质等级的划分。而针对城市景观照明整体水平的综合评价，则分两种方法：对客观指标测量根据实测值与标准值的偏离程度分档次区间进行打分；对主观评价因子的度量多采用语意差别量表的方式进行打分，先对城市景观照明的单个要素进行评价再进行综合评价，也可以直接进行综合评价，评价流程见图 9-11。

权重：是以某种数量形式的对比，权衡了被评价事物总体中诸因素相对重要的程度的量值，它是评价因素本质属性的反映。评价因素的权重分析之所以是核心层面的内容，首先因为其反映了整个评价的内在效度，即评价因素与评价目标之间的关联性，只有抓住最

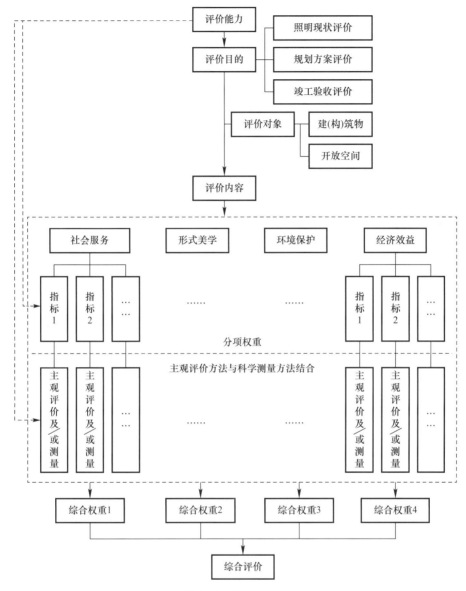

图 9-11 评价流程图

重要的评价因素，才会是高效的评价。其次，对于不同的环境、不同的场所空间，其中突显特性的环境因素也发生着变化，即同一因素在不同环境中其重要性的差别，因此区分评价因素的相对重要程度是正确进行评价的基础，也是对评价因素集的进一步完善。科学的确立指标权重，是计算综合经济指标的重点工作。确定指标权重的方法有很多，主要分为主观赋权法和客观赋权法。主观赋权法一般以人为主体，通过针对指标重要性的理解来界定指标之间的重要性和具体的权重。客观赋权法则，聚类分析、因子分析以及相关系数等方法都是以数据为主体，通过统计计算方法分析指标之间的数量关系并且给出具体的权重。总体来说，两种方法各有特点。为了避免客观赋权法指标异动带来的不利，景观照明规划权重以两种方法结合确定。评价中权重系数的分配需根据城市建设规模、经济发展水平、照明载体条件具体分析确定。

　　评价成果的表达方式需根据项目所能达到的深度和评价的目的进行选择，不外乎图形、文字、数据或综合方式，结合计算机多媒体和动画技术使评价结果更加直观生动，易于理解、记忆。

　　城市景观照明建设对城市的发展有着重要的意义，其品质直接影响社会、环境、经济的各个方面。不仅从学术研究领域可积极探讨建立城市景观照明品质评价指标和评价体系，优选规划方案，度量和比较建设水平，政府部门也希望通过评价体系辅助景观照明工程的建设决策和成果验收。

　　城市景观照明的评价涉及形式美学、社会服务、经济效益、环境保护等多种评价层次，分别建立包含四个层次的评价指标体系。分建筑、开放空间单项评价和城市整体景观照明发展水平综合评价；主观评价结合量化指标科学测量。

　　评价的过程是对符合我国国情的景观照明规划、设计、标准的一种全面审视和统筹，因此评价的数学方法并不是本章的重点。由于城市的建设规模、经济发展水平、照明载体条件各不相同，评价指标和权重的选择在价值判断上历来存在很多问题和争议。本章中的指标研选仅是笔者根据自身的城市景观照明规划实践进行的归纳和总结，至于指标及其权重的最终确定，则需在具体操作过程中针对个案特征量体裁衣。

第 10 章 景观照明规划实例分析

10.1 确定景观照明架构——北京为例

景观照明架构的主要目的是避免城市景观照明无序发展，以北京中心城区为例，通过对景观照明载体的选择与综合分析，支持城市发展目标、明晰城市夜间景观架构、满足人们主要的夜间活动。同时，根据城市建设的要求，选择特殊景观照明区域、路径、节点及地标，形成两轴、两带、三环、十八线、二十四区、滨水界面的夜间景观架构并对这些特殊景观照明区域提出规划控制要点。景观架构所包含的特殊景观照明区域应进一步进行详细规划或设计，并严格执行。

10.1.1 体现北京城市发展目标

《北京城市总体规划》围绕"建设一个什么样的首都，怎样建设首都"这一重大问题，坚持一切从实际出发，贯通历史现状未来，统筹人口资源环境，让历史文化和自然生态永续利用，同现代化建设交相辉映。落实"四个中心"城市战略定位、履行"四个服务"基本职责，强化首都职能疏解非首都功能，建成更高水平的国际一流的和谐宜居之都。充分发挥首都辐射带动作用，推动京津冀协同发展，打造以首都为核心的世界级城市群。照明载体的选择应以四个中心为导向，强化首都夜间四种照明氛围。

在体现庄重大气的政治中心照明氛围方面，优化首都功能核心区景观照明品质，选择首都北京最具特色的天安门、长安街、新华门、北中轴线作为景观照明载体。强化"两轴、一环"的地位，形成有序的夜间观景界面。天安门广场及其周边建筑是首都北京的象征，政治文化的中心点；故宫是明清两代皇城中心，作为我国现存最大最完整的古建筑群而举世闻名，与天安门广场共同形成了北京的人文景观核心区，其夜景照明已经具有良好的基础而且经过了一系列的分析研究，为以后的改善性照明提供指导。城市中轴线：北京城市格局严谨，南北中轴线、东西轴线（长安街及其延长线）与以上核心区构成了城市格局的基本形制；照明规划要明晰这种布局特征，保持首都北京的历史延续性。

在壮丽有序的国际交往中心方面，选择国贸 CBD 等金融商务区、奥林匹克中心等体育文旅区、天安门广场等外事外交区、大兴机场等国际交通枢纽以及重要的立交桥等作为景观照明载体。作为国际化大都市的北京，其国际交往职能不断发展，形成了现代化的城市景观，集中体现于重要功能区域、交通体系、地表性构筑物等。此类区域具有不同的集中性城市功能，如国际商务、现代科技等，区域范围内高层建筑林立，商务活动高效集中；其照明规划要符合地域特征，展示现代北京的城市机能，并提倡绿色照明，避免光污染。地标性现代建筑：中央电视塔、国家大剧院、东方广场、国际金融大厦、中银大厦、奥体中心等。此类现代构筑物具有醒目的体量与高度，形成区域性的视觉焦点，应对其进行重点照明设计，形成控制领域内的夜景观视觉中心。展现城市动脉的立交桥体系：40座大型立交桥。北京城市交通流量不断扩大，立交桥系统建设已经成为城市运作的动脉节点，具有巨大的尺度与高效的运作功能。现在，部分立交桥照明已经完成，但照明效果良莠不齐。立交桥系统的夜间照明需要进行统一规划，要保证功能安全性与高效性，还要保证良好的照明艺术品质。

在体现古今交融的文化中心氛围方面，选择旧城内具有照明价值的历史文化保护片区作为景观照明载体，同时保护明清北京城"凸"字形城廓，逐步复兴重要历史水系，突出北京历史文化整体价值，构建绿水青山、"两轴、十片、多点"的城市景观格局，让首都传统文化更多地惠及民众。重点历史文化保护片区结合老城区整体保护与复兴工作，对五道营胡同、东四胡同区域、南锣鼓巷、东交民巷、鲜鱼口、雍和宫区域等特色胡同街区进行景观照明改造，突出古都风韵；配合老城疏解与改造进度，丰富老城区内平安大街、两广路、西单、东单的夜景照明效果，提升夜间出行乐趣；优化什刹海—南锣鼓巷文化精华区、雍和宫—国子监文化精华区、琉璃厂—大栅栏—前门东文化精华区、皇城根遗址公园、明城墙遗址公园、天坛、地坛夜景，展示历史文化与传承。

在简洁高效的科技创新中心方面，重点打造中关村科学城、怀柔科学城、未来科学城、经济技术开发区等城市重点发展区，积极展示北京经济发展新高地。

10.1.2　明晰城市夜间景观架构

景观照明载体的选择应明晰城市夜间景观架构。《北京城市总体规划》提出两轴、两带、三环、十八线、二十四区、滨水界面的空间结构。景观照明规划应该体现城市空间结构，强调长安街及延长线的东西轴线及以故宫、景山、钟鼓楼为重点的南北中轴线；强调中关村、奥林匹克公园、金融街、CBD 高端产业功能区。

10.1.3　满足人们夜间活动

景观照明载体的选择应与人们主要夜间活动相适应。人们夜间活动的场所包括主要的商业中心、休闲娱乐中心、体育活动中心以及抵达这些活动中心的路径。

10.1.4　契合北京城市建设动向

"十四五"时期是我国开启全面建设社会主义现代化国家新征程的第一个五年，也是北京建设国际一流和谐宜居之都的关键期。"十四五"时期城市照明规划，需适应经济发展新常态，同国家发展布局相协调，贯彻新发展理念，不断实现人民对美好生活的向往。进一步提升首都夜间环境品质，因此其分期建设规划特别强调契合北京城市建设动向。这样能够在统一的规划下建设城市，避免重复建设，浪费人力、物力资源，并与北京经济发展的战略相一致，同时也符合《北京城市总体规划》《首都功能核心区控制性详细规划（街区层面）》和《北京城市副中心控制性详细规划（街区层面）》的要求。

首先考虑景观照明架构的组成要素，尤其是其中按照《北京市国民经济和社会发展第十四个五年规划和二〇三五年远景目标纲要》《北京市"十四五"时期城市管理发展规划》《北京城市副中心（通州区）国民经济和社会发展第十四个五年规划和二〇三五年远景目标纲要》《北京城市总体规划》《首都功能核心区控制性详细规划（街区层面）》和《北京城市副中心控制性详细规划（街区层面）》等规划的要求，以及北京市各区"十四五"时期拟开展的工作，与北京市历年照明建设成就所梳理出来的须重点整治的"二轴、四环、六区、八线"两轴、两带、三环、十八线、二十四区、滨水界面，要保证奥运期间北京能够以基本完整清晰的夜间景观展示给全世界；同时要充分彰显北京"双奥"优势，传承"双奥"遗产。其次考虑照明对象本身的重要性及视觉控制范围，优先建设处在城市主要夜间景观视轴上，以及位于重要的城市景观区域和景观点的照明；随后对比现状和景观照明规划中所提出目标，差距较大的要优先考虑改造与实施。最后，实施技术操作上较简单、资金充足，可以在短时间内完成施工的项目予以优先考虑，而对工程实施操作较困难的工程，如一些文物单位，或者资金困难的工程，可以安排在后期，给予实施单位充足的时间予以筹集资金或进行技术论证。

在上述原则下，建立项目库，最后确定北京中心城区景观照明"十四五"时期建设计划如下：路灯整治专项行动：有效解决全市"有路无灯、有灯不亮"等路灯照明问题，关注市民生活区夜间环境，让路灯照亮市民回家路。十三项重点行动：首都功能核心区照明设施升级、城市副中心"多功能灯杆"建设、怀柔科学城重点区域城市照明提升、"两轴、一环"景观照明提升、通州区景观照明提升、大运河文化带景观照明提升、平安大街景观照明建设、"三环、四环"夜景效果提升、城市重要联络线景观照明提升、朝阳区景观照明提升、冬奥会场馆区景观照明建设、城市门户及重要联络线景观照明提升。

10.2　重点区域照明规划策略

通过对景观照明载体的选择与综合分析，以广州为例，选择出特殊景观照明区域、路径、节点及地标，重要景观带、轴线、区域及节点形成"一带两轴多节点，如诗如画夜羊城"的夜间景观架构。通过对广州夜生活的现状进行综合调查与分析，对现状和公众需求形成了较为全面的理解和认识，调查和分析情况详见附录 B1～B6。

10.2.1　重要景观带照明

广州市城市空间的重要景观带主要是指以珠江沿线为核心的沿江景观带，针对沿江不同阶段，给出了不同的照明策略（图 10-1）。

1. 珠江景观带——前航道

照明氛围：重点塑造精品珠江，构建世界级滨水空间。自西向东筑造文化多元、精致现代的全球城市魅力水岸。

总体策略：西段、中段为建设成熟段，以优化品质为主，东段为未来建设段，可根据建设进度同步进行照明提升。

2. 珠江景观带——后航道

照明氛围：以后航道西段沿线工业文化遗产建筑、桥梁和两侧开放空间为主，突出历史感与故事性。

照明策略：化工业遗址建筑形态。重要地标性建筑、桥梁可适度提高亮度与光色等级。

3. 珠江景观带——西航道

照明氛围：以科创园、文化公园、遗址、桥梁以及开放空间为主，突出绿色、创新的夜间氛围。

照明策略流溪河大桥至大坦沙北宜设置白光，大坦沙及以南区域以暖色光为主，重要地标性建筑、桥梁可适度提高亮度与光色等级。

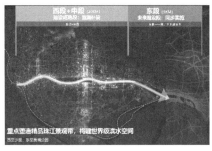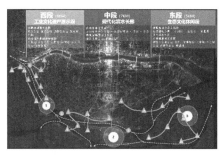

图 10-1　广州珠江景观带照明策略分段示意图

10.2.2　重要景观轴线照明

广州市城市空间的重要轴线共有两条，其一是以北起越秀山，南至海珠广场的传统中轴，另外一条是以花城广场为核心的新中轴。

新中轴

照明策略：强化地标、实体连续；建筑围合，凸显边界；开放空间，多元体验；利用地标、周边建筑与开放空间形成段落式空间场景序列。

传统中轴

照明策略：分段引导、强化地标、特色路径、连接云道；依据现状问题及上位规划，以"将传统轴线塑造为消隐于自然的轴线"和"城市更新提档升级"作为照明提升目标。

10.2.3　重要区域节点照明

广州市重要的区域和节点包括枢纽门户、国际科创、商业会展、历史文化四大类，见表 10-1。

广州市重要区域节点表　　　　　　　　　　　　　　　　　　　　表 10-1

	枢纽门户	白云国际机场、广州站、广州东站、广州南站、广州北站、广州南沙邮轮母港、广州白云站、增城站、知识城站、新塘站
	国际科创	中新广州知识城、南沙科学城、琶洲人工智能与数字经济试验区、广州科学城、广州国际生物岛、天河智慧城、广州大学城、黄埔·云埔片区、天河高新区、天河中央商务区、广州琶洲高新区、白云湖数字科技城、国际创新城
多节点	商业会展	商业办公类： 天河中央商务区、第二 CBD（金融城＋鱼珠港）、第二中央商务区、东风路高端商务带、环市东高端商务区、白云新城、白云城市中心、白鹅潭中心商务区、广州南站商务区、花都中轴商务区广州北站商务区、广州东部交通枢纽中心商务区、海珠广场文化金融 CBD、海珠创新湾、番禺工业经济总部园区、万博商务区、空港经济区总部经济区、临空经济商业圈 商业街区类： 天河路商圈、龟岗路 会展类： 琶洲会展中心、空港会展综合体、南站商务会展中心流花国际会展区、白云国际会展区、南沙国际文化艺术中心（会展博览中心）

续表

多节点	历史文化	红色文化类： 中山纪念堂、林则徐纪念园、长洲岛红色史迹公园、近代史博物馆、广东革命历史博物馆、黄埔军校旧址、中华全国总工会旧址、第一次全国劳动大会旧址、中共三大会址纪念馆、农讲所、大湾区海防遗址国家文化公园
		岭南文化类： 荔枝湾西关民俗风情区、恩宁路粤韵创意文化区、陈家祠文化广场区、西门瓮城市历史文化区（规划中）、十三行商埠历史文化区、上下九级华林禅宗文化商贸旅游区、圣心大教堂、猎人坊精品生活街区、李氏宗祠
		海丝文化类： 太古仓、沙面岛、广钢工业遗址公园、珠江琶醍啤酒文化创意艺术区、黄埔古港古村、怀圣寺与光塔、光孝寺、六榕寺、粤剧艺术博物馆、茶文化博物馆、南越王宫博物馆、广州国际海洋文化中心、南海神庙、海事博物馆
		创新文化类： 新中轴北段四大文化建筑、新中轴南段三馆一场、一馆一园、二沙岛文化中心、广州文化馆、广州美术馆、奥体中心、广州体育馆、天河体育中心、亚运城、广州金融博物馆、南越王宫博物馆、十三行博物馆、粤剧艺术博物馆、花卉博物馆、中医药文化博物馆、广州长隆度假区、南沙区大剧院、湾区文化中心、南沙美术馆、东南亚竹文化艺术馆

10.3 景观照明区划建立全覆盖规划平台

以西安为例，景观照明区划的目标是避免城市景观照明过度发展，对规划范围内景观照明架构以外的载体，按所属照明区域、载体特性的不同，设定照明控制指标的上限，提供全覆盖的规划管理平台。

10.3.1 分区原则及目标

分区原则：根据城市空间结构、用地功能布局、旧城保护、环境保护等方面的要求，结合城市照明控制的要素，即区域内基本的功能照明、建筑和开放空间景观照明的等级、光色控制按照照明等级的高低及光色控制的严格程度，综合分析将北京城市景观照明区分为四类照明区。分区应尽量保持北京原有自然、人文、城市功能等单元界限的完整性。

分区目标：通过景观照明规划，形成清晰的夜间城市结构，体现区域特色并具有可识别性；提供舒适、愉悦的夜间活动环境；控制各类分区内建筑及开放空间的光色、照明等级及能耗。

10.3.2 分区类型

西安市景观照明区划见图10-2，景观照明分区见表10-2。

10.3.3 建筑与开放空间等级及光色规划控制

建筑照明等级及光色规划控制见表10-3、表10-4，开放空间照明等级及光色规划控制见表10-5。

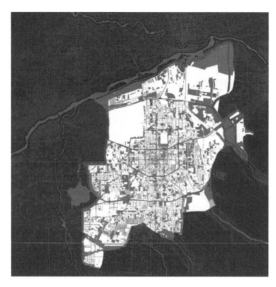

图 10-2　西安市景观照明区划图

景观照明分区　　　　　　　　　　　　　　　　　　表 10-2

分区	区划特点
Ⅳ类城市照明区 （优先建设区）	具备较高景观价值或有大量公众活动需求，以商业、娱乐、文体等功能为主的城市空间
Ⅲ类城市照明区 （适度建设区）	具备一定景观价值，以办公、休闲等功能为主的城市空间
Ⅱ类城市照明区 （限制建设区）	景观价值相对较低，以居住、交通、医疗、教育等功能为主的城市空间
Ⅰ类城市照明区 （暗夜保护区）	生态保护区

10.3.4　建筑及开放空间照明等级及光色释义

开放空间一级照明（H）：照度 15～20lx。

开放空间二级照明（I）：照度 10～15lx。开放空间三级照明（J）：一照度 2～10lx。

开放空间无照明（K）。

禁止彩光（F）：允许建筑或开放空间采用冷光色或暖光色。

局部彩光（R）：允许建筑或开放空间在使用冷、暖光色的基础上，局部使用彩光。

光色动态不限（S）：允许建筑或开放空间使用包括大面积彩光在内的各种光色。

10.3.5　景观照明规划对景观照明设计的控制指导

以西安为例，景观照明架构以外的地域，通过景观照明区划，实现城市景观照明的全覆盖控制，对下层次照明规划与设计给出设计指引，为城市照明管理提供科学依据。

规划将范围内的区域分为若干类照明控制区，每类控制区内，根据建筑与开放空间的景观价值、功能性质，分别限定照明等级分类和光色分类，避免了城市照明的过度建设和无序发展（图 10-3）。

建筑景观照明亮度等级规划表

表 10-3

照明分区	特殊重要性标志性建筑					高度较高、体量较大、形成天际轮廓线					体量较大、形成城市空间连续界面					体量不突出				
	公建			居住	其他	公建			居住	其他	公建			居住	其他	公建			居住	其他
	商业	非商	古建			商业	非商	古建			商业	非商	古建			商业	非商	古建		
IV类城市照明区（优先建设区）	25	25	22	18	8	22	22	18	12	5	18	18	15	8	5	15	15	12	5	3
III类城市照明区（适度建设区）	22	18	18	15	5	18	15	15	8	3	12	10	10	5	—	10	8	8	3	—
II类城市照明区（限制建设区）	15	12	12	8	3	10	8	8	3	—	8	5	5	3	—	5	3	3	—	—
I类城市照明区（暗夜保护区）	10	10	8	—	—	—	—	—	—	—	—	—	—	—	—	—	—	—	—	—

建筑景观照明光色/动态等级规划表

表 10-4

照明分区	特殊重要性的标志性建（构）筑物				高度较高、体量较大、形成天际轮廓线				体量较大、形成城市空间连续界面				体量不突出			
	公建		居住	其他	公建		居住	其他	公建		居住	其他	公建		居住	其他
	商业	非商			商业	非商			商业	非商			商业	非商		
IV类城市照明区（优先建设区）	SE	RW	RQ	RW	SE	RW	FQ	RW	RW	FQ	FQ	FQ	RW	NQ	FQ	FQ
III类城市照明区（适度建设区）	SE	RW	FQ	RW	SW	RW	FQ	RW	FW	FQ	FQ	FQ	FW	FQ	FQ	FQ
II类城市照明区（限制建设区）	SW	RW	FQ	FW	RW	RQ	FQ	FQ	RQ	FQ	FQ	FQ	FQ	FQ	FQ	FQ
I类城市照明区（暗夜保护区）	—	—	—	—	—	—	—	—	—	—	—	—	—	—	—	—

开放空间景观照明亮度/光色/动态等级规划表　　　　　　表 10-5

照明分区	具有特殊地位	商业集中或建有重要建筑，人流密集	重要街道两侧，重要建筑前，人流较密集	一般街道两侧，重要建筑前，人流较少
Ⅳ类城市照明区（优先建设区）	HSE	HRW	IRQ	JRQ
Ⅲ类城市照明区（适度建设区）	HSW	IRW	IFQ	JFQ
Ⅱ类城市照明区（限制建设区）	ISW	JRW	JFQ	JFQ
Ⅰ类城市照明区（暗夜保护区）	—	—	—	—

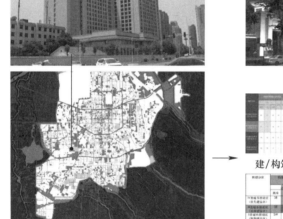

照明控制要求：RW
平均亮度：≤18cd/m²
R：局部彩光
W：缓慢动态

建/构筑物照明控制指标

图 10-3　规划控制指标使用流程

具体使用步骤如下：

1. 查图

根据建筑载体位置，查询景观照明区划图（图 10-2）。

2. 对位

确定其所属照明分区。

3. 查表

根据以上步骤，结合建筑具体形态特征，查询景观照明亮度/光色/动态等级规划表（表 10-3～表 10-5）。

4. 结论

横向照明分区与纵向建筑性质叠加，得出所查建筑亮度、光色、动态指标。

5. 其他要求

确定建筑亮度、光色、动态等级后，查询文本第八章绿色照明中相关要求与控制指标，对照明方案综合审查。

10.4　城市特征的发掘

10.4.1　项目简况

宁波三江六岸照明规划为例，宁波是我国东南沿海重要的港口城市，长江三角洲南翼经济中心，国家历史文化名城。7000 多年前，人类就在这里繁衍生息，创造了光辉的河姆渡文化。2000 多年前，开辟了海上丝绸之路。450 多年前，天一藏书造就了灿烂的天一文化。100 多年的开埠史，谱写了宁波以港兴市的新篇章。

三江口位于宁波市区中心繁华地段（图 10-4），是贯穿城市的余姚江、奉化江汇合成甬江流入东海的沿江地带，是宁波最具有特色的景观区域。三江六岸分布了市级行政中心、商业中心、商务中心、文化中心和教育基地，照明载体形式丰富。为了进一步优化城市环境，提升宁波形象，对三江口区域进行照明规划设计，以期形成宁波最具特色的夜间城市景观。

图 10-4　宁波三江口

10.4.2　地域文化解读

水是宁波城市之源。宁波因航运而兴起，以港口而发展，公元 821 年，明州城（宁波）迁址余姚江、奉化江、甬江汇聚的三江口，宁波城市的历史蜿蜒近 1180 年。明州依托三江口，与世界各国、地区进行交通贸易，是著名的"海上丝绸之路"的东方始发港。宁波沿三江流域散布着大量文化积淀和历史遗存，是聚居空间和文化空间的母体和基地，集中了宁波固有的文化脉络和空间脉络。目前，宁波作为东北亚航运中心深水枢纽港，华东地区重要的先进制造业基地、现代物流中心和交通枢纽；长江三角洲南翼重要对外贸易口岸，已跻身世界知名港口之列。

自古以来宁波不但是与世界各国和地区进行商品贸易的大埠，而且是文化交流的重要口岸。沿三江流域散布着大量文化积淀和历史遗存，是聚居空间和文化空间的母体和基地，集中了宁波固有的文化脉络和空间脉络。自唐宋以来，宁波依托三江口这一河、江、海航运交通要道，发展通商贸易，也引进了西方文明，以各种物质或精神载体的形式影响了宁波的城市发展，在医学，教育，宗教等方面带动了宁波的文化进步。

图 10-5　宁波北仑港

宁波是东西方交融碰撞的地带。东方文化是含蓄，内敛的，作为陆地文明的代表，称为金色文明。西方文化是开放，自由的，是海洋文明的代表，称为蓝色文明。宁波在立足于中国正统的儒家文化之上，又获取了西方先进科学文化和开拓革新的动力，形成了开放包容的宁波文化，成为白色文明。（图 10-5～图 10-7）。

图 10-6　天一阁

图 10-7　宁波天主教堂

10.4.3　现状照明分析

经过现场调研发现，目前宁波三江六岸照明（图 10-8）存在如下问题：

图 10-8　宁波夜景照明现状照片

（1）亮度分布失衡：广告亮度与建筑立面亮度差距过大。

（2）建筑物形象夜间没有被突出。

（3）缺少地域识别性：三江口为宁波城市最具有特色的地带，照明未充分展现宁波城市特征。

（4）缺乏主次：建筑物照明缺乏重点与秩序，缺乏整体亮度与光色规划。

（5）未形成连贯的视觉界面：重要建筑物及濒水绿化带构成的滨江界面缺乏连贯性。

10.4.4 控制性详细规划内容

（1）照明区划：根据用地性质把这个地区划分为五类照明区域，并针对各个区域提出照明气氛控制要求。

一类照明区：海曙商业区城市历史性地区，是海上茶路的启航点，如今以商业功能为主，夜间具有大量商业活动，兼具一定商务功能，能充分体现城市的活力区域，人流集中。现状照明光色较为混乱，以广告照明为主，并且亮度过高，已超过建筑照明亮度，无法体现海曙区夜间整体形象。照明对建筑的体量感给予加强，光色以暖色为主，在建筑物的局部增加竖向线条，随潮水的涨落颜色变化。

二类照明区：作为宁波现代化新中心城区，东至世纪大道，西北以甬江和奉化江航道中心线为界，南至江东区行政界线。江东区是以商务功能为重点扩展的现代服务业集聚区。

滨江建筑多以高层建筑为主。以三江口的金光大厦、中国人民银行为地标，沿江建筑有香格里拉、中信国际酒店、国税局、海景花园等高层建筑物。现有夜景照明多体现在滨江建筑。整体亮度与光色上缺乏整体统一控制与管理。广告照明过亮，以金光大厦商业广告为例，亮度达到 $467cd/m^2$。照明以色温大于 4000k 光色为主，突出商务区高效快捷的气氛。

三类照明区：江北文化区：以天主教堂为核心，周边分布殖民时代折中主义风格建筑群，以酒吧、会所、展陈等建筑为主要功能。休闲文化氛围浓厚，地区特色明确。现状建筑照明以重点照明为主，光色黄白兼有。建议加强对濒水平台的照明，采取近人尺度灯具及灯光小品，营造舒适安静的低照度氛围。

四类照明区：江东区北部主要以待建用地为主，未来将发展为工业设计聚集区。照明将营造特色照明，运用部分动态光照明，采用灯光雕塑等元素，烘托地区可识别性。

五类照明区：军用码头区。夜间人流量少，建筑载体条件不佳，照明仅提供港口功能照明。

六类照明区：住宅区域功能属性有一定的复合性，以居住功能为主，同时包含一些商业等公共服务设施和绿地广场空间。照明现状以顶部照明为主。照明与地段整体设计理念吻合，保留现状的基础上，配以竖向线条同潮水涨落变化颜色。

（2）制定设计地段内建筑照明等级与光色控制要求

照明等级的考虑依据实现分析得出。重要视线中重复出现频率最高，体量最大的建筑相应照明等级高。

在此基础上，根据建筑类型进行等级划分：商业、办公、展演类公共建筑优先；其他公共建筑，图书馆、酒店类次之；住宅类再次。由此得出，最重要的建筑为滨江高大公共建筑，定义为特级照明。滨江带高大建筑及非滨江带构成天际轮廓线的建筑照明等级一级，依次排序。

从节能与丰富夜间景观的双重目的出发，光色控制分为节日模式与平日模式：平日模式开启统一地段的照明线条元素，建构筑物被所在区域光色属性统合。节日模式，展现单体个体特征，商务办公类以白光为主，商业类黄光为基调可彩色光，住宅顶部黄光或白光（图 10-9～图 10-12）。

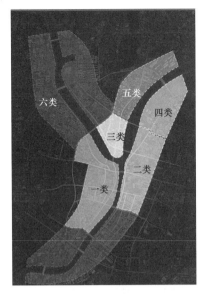

图 10-9　照明区划图

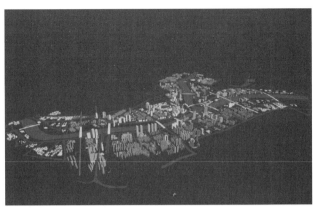

图 10-10　建构筑物照明等级规划

图 10-11　平日模式建构筑物光色等级规划

图 10-12　节日模式建构筑物光色等级规划

以北京 CBD 为例，其大密度高层建筑集群形象在城市背景中脱颖而出，从天安门、双井、四惠桥、三元桥四个外部视点来看，其中三栋超高层建筑组成第一天际线，其他建筑组成第二天际线。

在此基础上，根据建筑主要展示结构进行更为细致的等级划分：三栋超高层核心建筑顶部定义为特级照明，在对其中最高的地标建筑进行提级，定义为特级照明，其他建筑顶部为二级照明，顶部、裙楼、中部亮度依次递减。同时，根据不同展示面的需求，增加长安街＞东三环＞光华路＝针织路＝内部主轴的亮度层次。从节能与丰富夜间景观的双重目的出发，光色控制分为节日模式与平日模式：平日模式开启统一地段的照明元素，建构筑物被所在区域光色属性统合，可实现区域联动效果（图 10-13）。

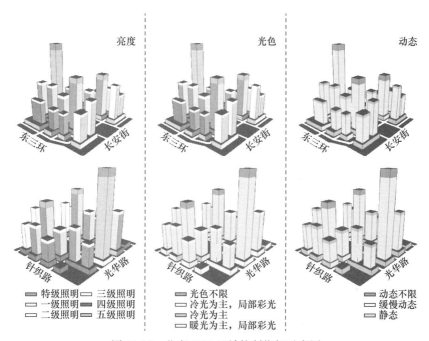

图 10-13　北京 CBD 区域控制指标示意图

10.4.5　修建性详细规划内容

以宁波为例，挖掘宁波城市自身特征，分别从重要港口城市，中西文化交融，海、潮、河、三江交汇几个方面入手，提出"光随波"的设计理念。"朝潮晚夕，来去守时"，在研究地段中发现，落潮时，余姚江奉化江汇入甬江入海。而涨潮时，甬江水回流至余姚江与奉化江。这一现象每日每月，周而复始的循环。夜间随潮水的涨落，江水流向的转变，建筑、桥体、驳岸灯光统一流动变化，在大尺度上完成夜间景观的视觉震撼与统一。

根据余姚江，奉化江、甬江不同的文化意象，赋予相应的光色属性。余姚江是河姆渡文化的发祥地，象征着东方文明，以金色光来表现；奉化江象征着西方文明，以蓝色光表现。甬江是入海的方向，以白色光表现东西方文明的交汇，以白色光表现。

建筑上，统一采取高低错落的竖向三根线条，随江水的颜色变化。

在开放空间部分，设计桅杆意象景观灯具，既可以提供树木照明，又为濒水步道提供功能照明，滨江岸线形成江城桅杆林立，蓄势待发的城市意象，进一步强调了宁波这一港口城市的特征（图 10-14～图 10-18）。

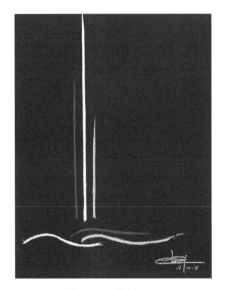

图 10-14　设计 logo

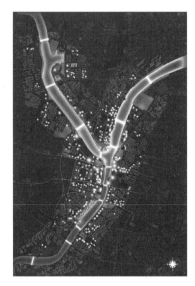

图 10-15　宁波三江六岸照明总平面

图 10-16　宁波三江口平日模式夜间效果图

图 10-17　宁波三江口节日模式夜间效果图

图 10-18 濒水步道空间桅杆意向的庭院灯效果模拟

以武汉两江四岸为例，武汉是国家历史文化名城、楚文化的重要发源地，具有璀璨的人文资源，雄浑的自然资源以及充沛的夜间活力等基础条件。为了满足不同情境下的需求，分别设计了三种模式：满足平日及节庆日需求的表演模式，静态常亮状态的基础模式以及夜间十点以后的深夜模式。

表演模式—国风楚韵。通过龟蛇山（图 10-19）、桥梁以及两江四岸沿岸楼宇之间的联动，形成立体的光影舞台，呈现主题为"楚天光秀，辉煌江城"的灯光表演。具有"国风楚韵、浩荡长歌、辉煌时代"3 个常设主题，和"国庆、军运等"事件主题。以国风楚韵的地域文化为统一的文化立足，多角度展示武汉的多元特色，凸显武汉大江大河的江山气魄。

图 10-19 龟蛇山效果图

基础模式—江山气魄，长江和汉江四岸统一照明秩序。长江两岸：层次丰富，辉煌明亮（图 10-20）。汉江两岸：安静雅致，低亮生态。纵向层次，增加及调整后排建筑照明使沿江界面更饱满。横向层次，微彩凸显组团核心建筑，改善氛围建筑照明方式。岸线：树木统一照明方式。龟蛇山，仿照中国国画和荆楚画派色彩，全彩突出。桥体，色彩取自荆楚文化古今典型色彩，与山体一同成为两江四岸的亮点。

深夜模式—消隐于自然。照明手法上仅强调建筑顶部天际轮廓线，设置于夜间十点以后，夜色深沉，整个城市再次回归静谧的夜间环境。

图 10-20 长江大桥视点表演模式效果图

以西安十四运为例，西安奥体中心区承载着十四届全运会开、闭幕式及重要比赛任务。以奥体中心为核心点的两条新的城市轴线中，东西轴线集中了港务区奥体中心、八大央企等重要新建建筑，为展现新城形象，服务重大活动的文体盛会轴（图 10-21）。而南北轴线沿灞河展开，依托灞河岸线，规划为体现宜居生态和市民生活的滨水休闲活力轴。两条轴线贯穿港务区和浐灞区，成为实现西安市"东拓"的战略高点。南北轴线以奥体中心为焦点向南北延伸，前暖后冷，轴线最亮，向两侧渐弱，隐于自然。滨水绿道和公园节点串联长安书院、浐灞洲头、会展中心、长安塔等重要节点，照明手法突出了南北轴线的横向节奏；临轴线建筑、临水建筑、远景建筑，形成近、中、远三个纵深层次。交点奥体中心核心区在特殊时段全彩联动，结合超大尺度的水幕喷泉，形成高潮。西安港务区和浐灞区，已经逐步形成了"现代产业＋稀缺生态＋地域文化"的发展优势，未来自贸区的建设及区域竞争力不断提升，借大事件的契机，夜景照明的建设将给新区带来大量人气和关注。

图 10-21 文化盛会轴效果图

10.5 从指标管理走向效果管理——北京市城市景观照明建设规划设计导则实践

10.5.1 背景

北京城市景观照明在经历"十二五""十三五"两个五年照明总体规划指导后，各重点区域已形成较好的夜景照明基础，但对标北京城市新总规提出的"建设国际一流的和谐宜居之都"发展目标及建设"全国政治中心、文化中心、国际交往中心、科技创新中心"的要求，城市夜间环境仍需持续改善，《北京市城市景观照明设计导则》的编制和实施也是在这样的背景下提出和进行的。

10.5.2 意义

《设计导则》侧重从宏观、中观层面组织和优化城市夜景，以分区、分类、分要素的方式对全市夜景景观照明进行总体秩序控制和风貌引导，使城市照明在指标管理之外，还能有效实现效果管理。

《设计导则》是对北京城市总体照明规划及相关规范的协调、补充和完善，导则作为配套技术细则与行政管理要求，可配合相应深度规划发布，也可纳入地方性管理法规。导则与规划指标体系进行对接，未在指标体系中体现的规划要求可纳入导则，通过简单易读、清晰明了的图示和简明扼要，通俗易懂的文字表达，为管理者、设计者、使用者、受益者提供直观、明了的管理依据、设计指引以及规划宣传。

10.5.3 规划思路

（1）强化重要界面

首次从人的真实视角出发，以"5（俯瞰视点）＋10（远眺三线）"个经典场景，构建和展示了首都夜景的全貌。梳理北京城市重要景观载体，优化提升现有夜景资源，以提高首都城市形象为出发点，打造京城夜景形象宣传画面，构建北京城市夜景整体空间秩序。

（2）优化街道空间

首次从服务市民生活出发，交通、休闲、文化，多维度、全要素的引导和评价街道 U 形空间夜间环境建设，整体提升夜间使用体验。以街道空间为管理单元，把服务市民生活作为城市夜景管理出发点、落脚点，改变粗放型城市景观照明管理方式，着力提升城市功能和居民生活品质。

（3）细化实践应用

紧密围绕四个中心建设，以"四个中心、四种精彩"为北京市城市景观照明总体形象定位，突出特色、严控范围、统筹指导、分层控制、分区实施，展现恢弘庄重的政治中心、古今交融的文化中心、壮丽有序的国际交往中心、简洁高效的科技创新中心。让古老的中轴线和大运河向世界亮出金名片。

（4）保证生态安全

保护历史文脉与生态环境相互交融的空间结构，西山文化带、长城文化带，除文化地标、绿道功能照明外，暗天空保护，营造夜间观星场所。

10.5.4 目标效果实现

《北京总体城市景观照明建设规划设计导则》尝试从城市色彩分区出发，探寻北京城市重点区域间的形态差异与联系。赤、青、黑、白、黄是古都传统的五正色（图 10-22）。照明从核心传统内涵区向外围国际形象区，色彩表达由纯粹的五正色逐渐过渡至间色。设计导则对传统区域中重要的视廊视线场景进行了模拟。

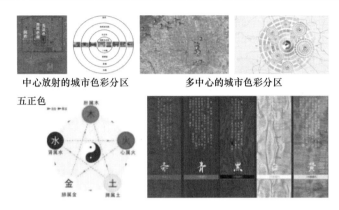

图 10-22　北京城市色彩分区

对于传统建筑来说，主色区部分是指屋面、立面墙体等大面积占据视觉主导的建筑主体部分；辅色区部分是指门窗立柱，以及斗拱等特征结构部分；场所色区部分指传统建筑周边的公共空间。

现代建筑的主色区部分指建筑主立面，顶部天际线；辅色区部分指建筑的主要特征结构、底商裙楼及广告牌匾；场所色区部分指现代建筑周边的公共空间（图 10-23）。

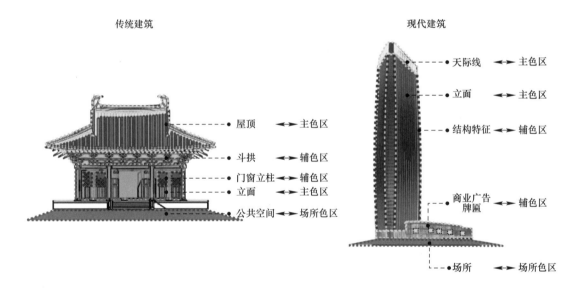

图 10-23　建筑照明色彩管控要素拆解

万春亭看奥运中心区，传统轴线上钟鼓楼的五正色，与奥林匹克中心区高亮度、低纯度的间色形成色彩对比。什刹海看 CBD，什刹海与 CBD 的中性白光形成古今对比（图 10-24）。

传统内涵区域内的地标建筑照明还原了建筑本身高饱和度赤、青、黄等颜色。比如永定门、正阳门箭楼、正阳门等。以正阳门为例，作为北京中轴线上的标志性传统建筑物，主色区立面统一以 2700～3000K 的暖黄光色为主，形成庄重古典的整体形象，屋顶采用高显色性灯具还原青色琉璃瓦，表现古都正五色传统。辅色区还原门窗斗拱等细部的色彩纹样。场所色区统一暖白光营造舒适的游赏氛围（图 10-25）。

图 10-24 什刹海与 CBD 照明

图 10-25 北京传统地标建筑照明

天安门周边地区聚集了传统建筑及现代建筑，协调好区域风貌尤为重要。天安门处在北京中轴线中心位置，且作为首都形象的代表，使用显色性较高的灯具将主色区的红墙和屋顶色彩凸显出来，形成高识别度的夜景形象。辅色区的斗拱等细部结构亮显金色形成丰富的色彩层次。人民大会堂等广场周边建筑立面统一使用单色的暖白光整体亮显，一方面与天安门等传统建筑形象区分开来，同时又使整体空间环境庄重大气。天安门广场作为场所色区统一暖黄色光照明，明亮舒适（图 10-26）。

图 10-26 天安门及人民大会堂

商业型历史文化街区营造繁华气氛，并不希望色彩过于统一，可以采用主色多样、辅色统一的方法，主体色温在 2700～3000K 间，暖黄光为主，配合特定色彩的建筑结构特征表现和商业标识系统。还原木质结构金、红色，突出门、柱、牌匾等装饰色彩，以五道营胡同为例（图 10-27）。在规划设计中，屋顶立面等主色区光色应统一在 2700～3000K 之间以形成传统古典的整体形象，符合人们对于城市传统区域的心理认知；传统建筑的门窗立柱或者斗拱等辅色区光色可以选择契合地域特征的主题色彩；建筑周边街道空地等场所色区以统一的暖黄光为主，配合建筑营造传统氛围。文化型历史文化街区突出建构筑物及活动空间照明，与树木呈现剪影效果，凸显浓郁高饱和度的文化建筑色彩，以什刹海街区为例（图 10-28）。生活型历史文化街区结合胡同改造，局部增加特色投影形成文化引导，激发社区活力，以后沙滩胡同为例（图 10-29）。

图 10-27　五道营胡同效果图　　　　　　　　图 10-28　什刹海街区效果图

图 10-29　后沙滩胡同夜景效果图

居住区则主色、辅色、场所色相对统一暖黄光，尽量避免过多色彩，更有利于给人宁静感。

风景区，相比建筑更倾向于空间景观的表现，主色、辅色相对统一，使用特定场所色烘托景区主题。

本章以"北京市十四五时期城市照明发展规划""广州市城市照明专项规划""西安市城市夜景照明设计专项规划""宁波三江六岸景观照明规划""北京市城市景观照明规划设计导则"为例，对城市景观照明总体规划、详细规划、规划设计导则三个阶段所涉及的关键性技术问题给予了重点示例。

景观照明架构的确定、重点区域照明规划策略的提出、全覆盖景观照明区划的建立以及规划手段在具体景观照明详细规划与设计中的应用这些问题的解决，贯彻了笔者在全文中倡导的规划思想和工作方法，也是当今城市景观照明规划的发展趋势。

这些趋势的出现不是偶然的现象，而是城市景观照明逐渐走向科学化、体系化、法制化、个性化、社会化，进步和发展的必然结果。

城市照明是一个新兴的研究领域，在国际上形成流行风潮也不过二十多年的历史，但其在建设优良的城市景观，提高城市活力等方面所具有的重大意义，却使得该课题的研究极为活跃。近年来中国城市道路照明、夜景照明的建设规模和发展速度惊人，如何在发展中求得城市视觉景观与节能环保的平衡、实现地方经济发展和市民生活品质的统一、保持城市夜间景观的地方特色和文化多样性，日渐成为迫切需要解决的问题。

目前，从城市的相对宏观的角度对城市照明的研究在国内多有论述、进而规划和设计亦不乏案例，但系统性不足，尤其是和我国规划管理体制结合不够，这使得"景观照明"这一城市景观的重要因素在国内的规划设计中仍然具有较大的不定性和盲目性，城市规划部门也由于缺乏相应的理论指导而无法对城市照明进行系统而有效的控制和管理。因此，"城市照明专项规划"这一课题无论在理论研究和实践操作上都有十分的必要性和紧迫性。

本书的研究内容和成果表现在以下几个方面：

（1）通过对相关概念的梳理和分析，明确"城市照明专项规划"概念的定义、研究目的和范围。

（2）收集、分析、整理和总结了国际上相关领域的研究成果，提炼出城市照明规划三个核心内容——视觉环境质量、社会活力与和谐、可持续发展，并梳理了相关理论基础。

（3）首次提出了与我国规划法规相衔接的系统规范的照明规划编制方法。包括规划层次的划分、各阶段所需进行的内容、实际操作的工作流程和方法等，分析论述了城市照明专项规划的模式定位、价值取向、基础调研、评价体系等核心技术要点，以及和我国规划管理体制结合的管理策略。

（4）通过对北京、广州、宁波、西安等几个城市和典型区域的规划实践，运用了本书所提出的城市照明规划的操作方法，为本书的理论论述提供了实践支持。

总之，城市照明专项规划是一个多学科交融的新兴研究领域，它从一个相对宏观的视角来处理"道路照明、夜景照明"这个新生事物，本书与《城市照明建设规划标准》相结合，试图提供能纳入现有规划体系的行之有效的规划方法。这对我国城市发展中如何保有和建设环境优美，充满活力而有可持续发展的夜间环境具有重要的意义。对这一多元、复杂、新兴课题，关于进一步完善研究体系并使之良好、有效地运用于城市实践当中仍有大量的工作，希望本书能为今后相关领域的更深入地研究奠定一定的基础。

附录：广州市城市照明现状调查问卷和分析

本附录收录了广州市城市照明现状调查的问卷和调查分析的方法，因各城市的城市照明现状情况不一样，该调查的问卷和调查分析仅供参考。

附录 A 广州市城市照明现状调查问卷

A.1 广州市夜生活现状调查

A.1.1 被访者基本情况

1. 您的性别：_____①男、②女
2. 您的身份：_____①市民、②旅游者
3. 您的年龄：_____①18 岁以下、②18～50 岁、③50 岁以上
4. 您的居住地：_____①白云区、②东山区、③越秀区、④荔湾区、⑤海珠区、⑥番禺区、⑦花都区、⑧芳村区、⑨天河区、⑩黄浦区

A.1.2 夜生活情况（可多选）

1. 活动内容：_____
①餐饮、②购物、③酒吧俱乐部、④游园散步、⑤看电影、⑥看演出（音乐、话剧等）、⑦网吧、⑧其他

2. 平均活动时长：冬春_____，夏秋_____，
①≤1 小时、②2～3 小时、③≥4 小时

3. 活动时间段：_____

4. 活动频率：_____
①≤1 次/月、②2～3 次/月、③1～2 次/周、④3～5 次/周、⑤每天

5. 活动区域：_____
①北京路、②环市东路、③天河城、④上下九路、⑤东山、⑥珠江沿岸、⑦天河公园、⑧淘金路、⑨花园酒店周围、⑩其他

6. 结伴方式：_____
①单独、②情侣、③与家人、④与朋友

7. 交通方式：_____
①公共交通、②出租车、③私家车、④自行车、⑤步行

8. 往返交通时间：_____①≤1 小时、②1～2 小时、③≥2 小时

9. 夜间户外公共活动场所是否拥挤：_____
①舒适、②较舒适、③一般、④较拥挤、⑤很拥挤

10. 希望补充的夜间活动场所：_____

①公园、②市民广场、③体育场馆、④餐饮购物街、⑤影剧院、⑥其他

11. 对广州市夜生活的评价：＿＿＿＿＿＿＿＿＿＿＿

①丰富、②一般、③尚可、④单调、⑤没感觉

A.2 广州市夜间户外公共场所光环境总体评价（表 A.0.1）

广州市夜间户外公共场所光环境总体评价　　　　　　　表 A.0.1

序号	评价项目	评价等级（分值范围）	平均分
1	光线是否足以保证夜间外出有安全感	a. 良好（100）b. 较好（80）c. 一般（60）d. 较差（40）e. 很差（20）	
2	夜间是否容易定向定位	a. 良好（100）b. 较好（80）c. 一般（60）d. 较差（40）e. 很差（20）	
3	夜景观是否统一有序、层次分明	a. 良好（100）b. 较好（80）c. 一般（60）d. 较差（40）e. 很差（20）	
4	夜景观是否美观	a. 良好（100）b. 较好（80）c. 一般（60）d. 较差（40）e. 很差（20）	
5	光污染和光干扰	a. 未发现光污染现象（100）b. 集中于个别区域（80）c. 一般（60）d. 比较严重（40）e. 非常严重（20）	
6	广州是否需进一步改善城市景观照明	a. 非常必要 b. 是一件好事 c. 无所谓 d. 不是特别重要 e. 纯粹是浪费金钱和电力	
7	夜景观是否具有广州特色	a. 良好（100）b. 较好（80）c. 一般（60）d. 较差（40）e. 很差（20）	

注：这份问卷是为了了解广州市现状夜生活情况，为城市景观照明规划设计提供相关参考意见。本问卷采取不记名方式填写，您所填的资料仅供北京清华城市规划设计院规划设计之用，不对外公开，敬请放心。烦请您按照实际情况填写问卷。

A.3 公众对广州市城市重点区域景观照明满意度调查（表 A.0.2）

公众对广州市城市重点区域景观照明满意度调查　　　　　　表 A.0.2

序号	评价项目内容	您认为最适合的景点
1	目前本市哪些景点照明效果最好，最能体现广州特色？	
2	今后本市哪些景点迫切需要增加照明建设，或者会作为本次照明规划的重点内容？	
3	本市已有的景点照明设施中，哪些效果最差（形象不佳，过亮、眩光、光污染等），急需改造甚至拆除？	
参考景点	A 重要区域：（1）北京路-中山五路商业区、（2）北京路商务区、（3）珠江新城、（4）广东省政府及周边区域、（5）天河北商务区、（6）二沙岛文化区、（7）西关大屋-荔湾风情保护控制区、（8）新河浦独立宅院-东湖秀色保护控制区、（9）广州新城 B 重要路径：（10）环市路-天河路-中山大道、（11）中山路-东风路-黄埔大道、（12）解放路-机场路、（13）人民路、（14）先烈路、（15）昌岗路-新港路 C 地标节点：（16）广州图书馆、（17）群众艺术中心、（18）星海音乐厅、（19）广州美术馆、（20）广州歌剧院、（21）琶洲国际会展中心、（22）广州体育馆、（23）广东奥林匹克体育中心、（24）天河体育中心、（25）新客站、（26）新白云机场、（27）广州火车站、（28）广州东站、（29）大元帅府、（30）中山纪念堂、（31）黄沙码头、（32）洲头咀、（33）沙面、（34）长堤、（35）新客运港、（36）江湾大桥、（37）海印大桥、（38）广州大桥、（39）琶洲大桥 D 聚会场所：（40）麓湖公园、（41）越秀公园、（42）荔湾湖公园、（43）白云山风景区、（44）燕岭公园、（45）东风公园、（46）琶洲塔公园、（47）赤岗塔公园、（48）广州塔广场公园、（49）人民公园、（50）海珠南广场、（51）海心沙	

注：请按要求填写五个景点（可在参考景点中选择，但不受此限）。

附录 B 广州市城市照明现状调查和分析

B.1 广州城市特点

B.1.1 城市基本情况

广州为广东省政治、经济、文化、交通中心，我国的历史文化名城和华南地区中心城市，是我国重要的经济、文化中心和对外交往中心之一，是我国南方的国际航运中心。

广州属于亚热带季风气候，北回归线从这里通过，全年平均气温 20～22℃，市区年降水量 1600mm 上，平均相对湿度为 77%。广州四季常青，繁花似锦，故有"花城"之美誉。冬无严寒、夏无酷暑、温暖湿润的气候和云山珠水的自然地貌造就了广州宜人的生活环境。气候条件非常适宜人们的室外活动。

广州市区分为中心组团（原八区）、番禺组团，花都组团。2005 年，广州市总面积为 7434.40km²。其中，市辖 10 区面积为 3843.43km²，占全市总面积的 51.7%；2 个县级市面积为 3590.97km²，占 48.3%。预计到 2010 年广州城镇建设用地总量为 785km²，其中中心组团城市建设用地规模为 549km²；番禺、花都组团城镇建设用地规模为 236km²。

中心区发展定位为广州市域金融业、服务业、传统产业核心区，负担广州传统城市中心的功能，是历史文化名城重要组成部分。番禺组团发展成为 21 世纪广州新中心城区、科教咨询中心和航运中心。花都组团发展成为拥有强大对外交通枢纽功能，自然生态环境优美，适合居住、创业的北部重要城市组团。

2005 年末广州市户籍总人口为 750.53 万人，比 2004 年末增加 12.86 万人。其中市区人口 617.28 万人，县级市人口 133.25 万人。全市农业人口 229.39 万人，非农人口 517.23 万人。预计到 2010 年，全市人口为 1225 万，城镇人口 1040 万，其中市辖十区总人口为 1035 万，城镇人口为 920 万。

2007 年，全市生产总值 7050.78 亿元，在全国城市排名仅次于北京、上海，位于第三。源于广州地区的财政一般预算收入达 2116 亿元。

B.1.2 物质载体特征

广州的自然载体特征：山、城、田、海，构成广州"山水城市"的生态格局。山为北部山林地区，城为中部平原城市化地区，是城市人口集中部分的地区，田为东南部农田水网地区，海为东南部海域地区。负山、通海、卧田成为广州城市发展的最基本生态特征，也是城市特色。

图 B.1.1 白云山

图 B.1.2 珠江夜景

广州的人工载体特征：南拓、北优、东进、西联战略稳步实施，建成区不断扩大，使得日新月异的现代化城市建设为城市照明提供了良好的人工载体。随着珠江新城、广州新城、白云新城等十个重点发展区域的不断建设，广州逐步向 21 世纪东南亚中心城市的定位靠近。

图 B.1.3　广州天河新城　　　　　　图 B.1.4　广州珠江新城规划鸟瞰图

B.1.3　城市人文资源

广州是国家历史文化名城，具有两千多年的建城历史，是我国历史文化名城。拥有南越王墓遗址、南越国宫署御花园遗址等一大批历史文物古迹。

广州又是中国近代中国革命的策源地，历史文物古迹和近代革命史迹众多。如黄花岗烈士陵园、农民运动讲习所等革命史迹景观。

图 B.1.5　广州六榕寺　　　　　　　图 B.1.6　农民运动讲习所

广州传统文化和商业特色互相融合，形成一批具有传统特色的商业街区，与市民生活密切相关的园林丰富了市民的文化生活。广州的气候适宜户外活动，广州的风俗习惯（夜间饮食，购物，娱乐，交往多种活动需要），消费水平、多元文化等特征决定了夜生活建设的潜力。

图 B.1.7　广州餐馆　　　　　　　　图 B.1.8　西堤休闲广场

广州是岭南文化的代表。岭南文化是中华民族优秀文化的重要组成部分。距今四五千年的新石器时期开始，百越文化、汉越文化融合和中西文化交融．一直绵延不断形成了自己独特风格和鲜明的地域文化特色。从考古文物到文献记载，从历史遗址文化、建筑文化、民俗文化、园林文化、商业文化、宗教文化到各种文化艺术，都贯穿着一种开放的人文意识，特别是变改意识、商业意识、务实意识和平民意识；反映出广州人的开放观念、兼容观念和改革观念。

B.1.4 广州景观照明建设基础

20世纪80年代末，广州——这个以"夜生活丰富"著称的华南都会就开始了城市夜景照明的建设工作，但这一工作时断时续且仅限于局部地区。1999年，配合"一年一小变"的城市建设战略目标，市政府启动了"光亮工程"规划与建设项目，开始从整体上较为系统地规划城市夜景照明景观，并将其作为城市总体规划的专项规划之一，纳入城市规划体系。组织编写了《广州城市夜景照明系统规划》和《珠江两岸夜景照明详细规划》等，并分别加以实施。

广州先后组织编制了下列城市地段或城市空间夜间景观照明方案，实施光亮工程：

（1）商业街区：北京路商业文化旅游区、上下九路商业步行街区、农林下、曙前路商业区、江南文化商业广场中心区、天河体育中心及周边地区、花地湾中心城区、大沙地中心城区、开发区青年路一带。

（2）珠江两岸城市景观段（沙面——华南大桥段）。

（3）城市中轴线：传统城市中轴线和新城市中轴线控制区。

（4）城市公园广场、街头绿地。

（5）主要交通道路：内环路、环市路、中山路、人民路、解放路、机场路、东风路、江南大道、天河路、天河北路、广州大道、黄埔大道、机场路、六二三路、北京路、花地大道、芳村大道、新港路。

广州这一未来的国际化大都市，在改革开放的二十年间创造了举世瞩目的建设奇迹和多项优异业绩。回顾城市建设和发展过程，总结这一历史阶段的经验，展望未来二十一世纪广州城市形象建设的趋势和走向，我们不难看出：创造城市夜间光环境和光形象对于建立广州城市新形象、改善城市环境、确立广州市的现代化国际化大都市的地位是不可或缺的。广州的城市夜间光环境的起点是高水平的、国际化的，但同时，它又必须是独具地方特色的。

广州有着良好的夜间光环境资源和景观照明建设基础，应以超前的意识，充分发挥城市夜间光环境的重要作用，全面提高规划和设计水平，在雄厚的物质、资金基础上发展自身一流的、独具岭南特色的城市照明体系。

B.2 市民夜生活模式

夜生活指发生在城市空间的夜间活动。夜生活的强度与活动的各项特征在根本上决定着城市照明的效果和技术要求。在本质意义上说，城市照明是为夜生活创造空间、完善空间。

广州市地处亚热带地区，一年四季之中，夏无盛暑、冬无严寒，四季差异小，树木常青，花开四时。气候条件非常适宜人们的室外活动。广州还是重要的商贸旅游城市，商业经营活动有较强的地方特色，如在城市中心区、商业集中地区以及文化游览区，夜间商业经营范围广，开放的时间相对较长，有的甚至还会延续到午夜。同时，广大市民也习惯夜间"出街"和活动，而且购物、休闲多喜欢选在夜晚的黄金时间进行。外地游人也在来广州之前便多数知晓广州夜生活的丰富和便利。

广州在历史上就有在夜间开展商贸活动、进行商业经营的传统，从不少前人笔记、文献、诗歌、唱词的描述中就可以证明这种盛况：

唐代人张籍曾描写道："蛮声喧夜市，海色润朝台"，景象令人倍感神奇、印象十分深刻，也说明城市的夜市已十分发达。

明代孙典曾有《广州歌》，词云："春风列屋艳神仙，夜月满江闻管弦。……游野流连望所归，千门灯火烂相辉"。歌词虽为盛赞广州之富庶和一江春水之秀丽，却也道出夜间景色的奢丽。

清代乾隆末年，著名诗人袁枚下粤，非常惊异于广州的风光及夜景，他写道："教侬远上五羊城，海寺花田次第经。沙面笙歌喧昼夜，洋楼金碧耀丹青。"

清人陈徽言在《南越游记》中有这样的辞句，描绘一次神诞节庆的夜晚市景："自藩署至南门，灯火辉煌，金鼓喧震，男女耳目，势不暇给……"。而岁末及平时的花节更是"灯日相辉，花香袭人"。

解放初期，广州市市长朱光也曾咏《广州好》词，赞道："广州好，夜泛荔枝湾。击辑飞舸惊鹭宿，唉虾啜粥乐余闲，月冷放歌还。"

调研时间：2008 年 8 月 8 日——2008 年 8 月 18 日

调研目的：通过走访、问卷等形式，对广州夜生活的现状进行综合调查与评价，对现状和公众需求形成了较为全面的理解和认识。

B.2.1　被访者基本情况

本次调查的被访者包括市民及游客各 53 名，其中男性 58 名、女性 48 名，年龄以 18～50 岁间为主。其中 58.5% 的人居住于天河区，居住于海珠区和荔湾区的人分别占 13.2% 和 9.4%。

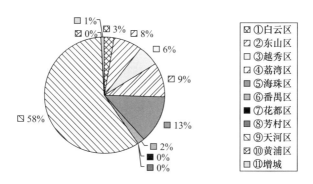

图 B.2.1　被访者居住地分布

B.2.2　广州市夜生活结构

1. 活动频率

根据调查结果统计，绝大多数广州市民夜生活活动频率集中于 2～3 次/月和 1～2 次/周；游客的夜生活活动频率集中于 1～2 次/周和 3～5 次/周，合计占全体被访者人数的 91%。

城市整体表现出相当活跃的夜生活气氛，尤其对游客具有相当大的吸引力。

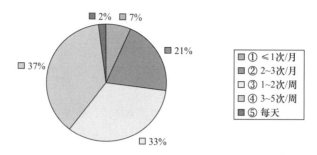

图 B.2.2　被访者夜生活活动频率分布

2. 时间长度

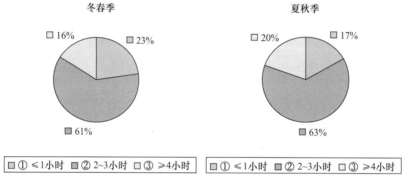

图 B.2.3　被访者夜生活活动时间长度

从逗留时间长短来看，活动时间在 2～3 小时之间的被访者人数最多，夜生活活动时间长短受季节影响不大。此外，冬春季和夏秋季都有超过 30% 的广州市市民夜间活动时间在 4 小时以上；除约 70% 的人夜间活动时间为 2～3 小时外，剩余被访游客夜间活动时间在 1 小时以内。

B.2.3　活动时间段

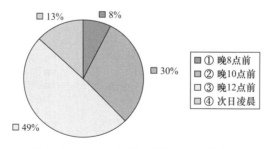

图 B.2.4　被访者夜生活活动时间段分布

根据调查结果统计，夜间活动时间在晚 10 点前、晚 12 点前的被访者人数有较为匀质的分布，分别占总人数的 30.2% 和 49.1%，还有相当人数（占总人数的 13.2%）的被访者夜间活动延续至次日凌晨；夜间活动时间集中于晚 8 点前的被访者只占总人数的 7.5%。

根据商业旺铺时间推算（1. 餐饮 17：00～20：30；2. 购物 20：00～22：30；3. 酒吧

娱乐 22：30～凌晨；4. 影剧 20：00～23：00；5. 游园 19：00～22：00），被访者的夜间活动形式相当丰富并且分布均衡。

B.2.4　活动内容

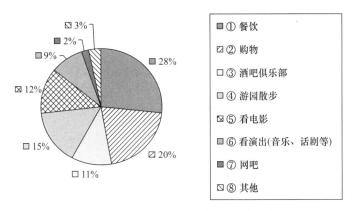

图 B.2.5　被访者夜生活活动内容分布

根据调查统计，被访者夜间活动选择餐饮、购物的人最多，分别占总人数的 26.7％和20.5％；选择酒吧俱乐部、游园散步、看电影、看演出（音乐、话剧等）的人数分布比较均匀，分别为 10.1％、15.2％、12.4％、9.0％；只有极少的人选择网吧。这说明餐饮和购物仍是市民和游客夜间活动的主要内容，而随着城市国际化的进程和生活理念的转变，酒吧俱乐部与城市公园也成为市民与游客的重要活动方式。

B.2.5　结伴方式

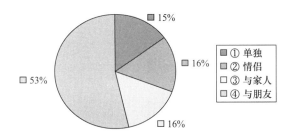

图 B.2.6　被访者夜生活结伴方式分布

调查结果显示，无论游客还是市民，夜间人们喜欢与朋友结伴出行，其次是家人与情侣，单独夜间出行的人较少。这个结果反映了被访者夜间活动目的性强而随机性低。

B.3　广州市夜生活空间分布

B.3.1　活动区域

调查结果显示，受被访者居住地的影响，选择在天河城活动被访者人数最多，占总人数的 26.8％；选择北京路、上下九路著名商业街区的被访者分别占总人数的 10.6％和6.1％；19.0％的被访者选择了珠江沿岸；相对于选项提供的传统夜间活动场所，相当比例（15.1％）的被访者选择了其他活动区域。统计数据说明随着城市建设快速发展，大量新的城市休闲娱乐中心相继出现，人民的夜生活方式也日益丰富。

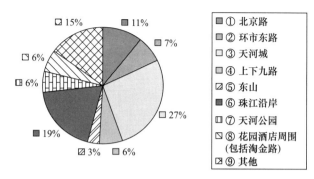

图 B.3.1　被访者夜生活活动区域分布

B.3.2　交通方式

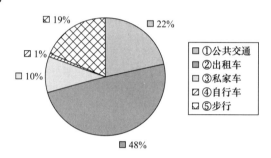

图 B.3.2　被访者夜生活交通方式分布

夜间出行，选择出租车的人比例最高，市民为 34.5％，游客为 70.9％，除 21.6％的人选择公共交通外，步行和私家车也逐步成为被访者出行的普遍方式。调查结果显示人们夜间出行的目的性较强，部分属于必要性活动；借助步行和私家车出行人数的增长，反映出城市生活水平的提高和城市夜间活动场所建设的逐步完善。

B.3.3　交通时间

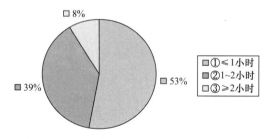

图 B.3.3　被访者夜生活往返交通时间分布

往返交通时间小于一小时的人最多，占被访者人数的 52.8％；其次，有 38.7％的被访者往返交通时间在 1～2 小时；大于 2 小时以上的非常少，仅为 8.5％。可见由于夜间活动时间有限，难以到达的活动场所会限制人们的出行。

B.4　对广州市现状夜生活的综合评价

B.4.1　对广州市现状夜生活的满意度

对广州市现状夜生活感到基本满意的被访者占总人数的 64.1％，其中 33.0％的被访者认为夜生活丰富；其中，感到广州市夜生活丰富的游客达到了游客总数的 47.2%。这说明广州市夜生活发展基础良好，美誉度较高，但夜生活水平上仍有较大的提升空间。

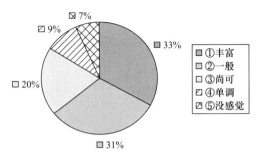

图 B.4.1　被访者夜生活现状满意度分布

B.4.2　对目前夜生活活动场所拥挤程度的评价

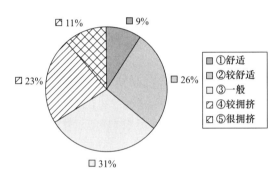

图 B.4.2　夜生活活动场所拥挤程度分布

调查结果显示，64.1%的被访者认为广州市夜间活动场所的舒适程度不足，其中，认为现有活动场所较拥挤和很拥挤的被访者分别占总人数的 22.6%的市民和 11.3%的游客。该统计数据一方面说明广州市夜间活动场所仍然存在着数量上和空间上的欠缺，影响了被访者的夜间活动质量；另一方面说明，现有活动场所建设基础较好，群众关注度较高，使用频率较大。

B.4.3　对需要增加的夜间活动场所倾向性的调查

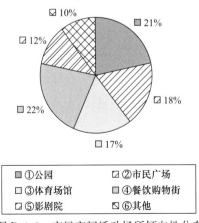

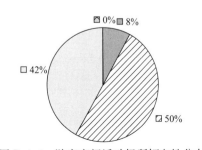

图 B.4.3　市民夜间活动场所倾向性分布　　　图 B.4.4　游客夜间活动场所倾向性分布

至于需要增加的夜间活动场所，传统餐饮购物街仍对市民有着较大的吸引力（占市民人数的 21.8%），而希望增加公园、市民广场、体育场馆的市民分别占总人数的 21.8%、17.9%、16.7%；而对于游客的调查结果显示，餐饮购物不应再是广州市夜间唯一吸引力，选择增加公园、市民广场、体育场馆的游客分别占总人数的 8.0%、50.0% 和 42.0%。可见夜生活场所不能局限于以商业为中心的区域，应该为以非消费型为主的休闲活动创造空间。同时，需要增加户外活动场所，夜晚的户外活动习惯得力于广州特有的气候条件。

B.5 现状调查结论

B.5.1 活动内容与区域

广州素以文化的多元性著称，除本地饮食文化外，外来休闲文化的色彩也得到了相当的展现。广州市夜生活活动内容十分丰富，活动区域分布均衡。其中户外活动、随意性的、非消费型的活动（散步、看热闹、社区交往）以及消费型、参与性活动（酒吧娱乐、观看表演）等是丰富夜间城市外部空间的有利因素。

B.5.2 活动持续时间

受广州市冬无严寒、夏无酷暑、温暖湿润的亚热带季风气候环境影响，被访者一年四季夜生活持续时间长，活动需求旺盛。如影剧院等夜间室内活动场所周边配套服务设施完善，观演后，夜宵、游园等跟室外光环境密切相关的活动往往就近发生，表现出室内外光环境的关联与延续对活动持续性的积极影响。

B.5.3 活动频率

广州的气候、风俗、习惯、消费水平以及多元文化等特征决定了广州是一个夜生活潜力丰富的城市。由现状的调查分析发现，广州市民和游客夜间活动频率较为活跃。夜生活方式日益丰富、新的城市休闲娱乐中心相继出现、往返交通速度提升，促成了被访者夜间出行。

B.5.4 夜生活综合评价

广州市夜生活发展基础良好，美誉度较高，现有夜间活动场所群众关注度较高，使用频率较大。但在场所数量和空间上仍有欠缺，特别是以非消费型为主的户外休闲活动场所，如公园、市民广场、体育场馆等；同时，在场所质量品质方面，少有具备突出感染力和代表性的夜间活动中心。

因而改善目前夜间景观照明缺乏的现状，为市民及游客提供夜间活动场所，是进行城市景观照明规划景点分布筛选的目的之一；同时规划各种类型的夜间旅游路线，会有力的吸引专程来广州游览的旅客。照明规划还要解决夜生活丰富与夜间安全性的矛盾，通过提升基础照明，保障夜间市民游客活动安全。

B.6 广州市夜间户外环境满意度调查

B.6.1 广州夜间户外环境分项满意度调查（图 B.6.1～图 B.6.7）

B.6.2 广州夜间户外环境总体满意度调查结果（图 B.6.8）

B.6.3 调查结论（B.7.4、B.8）

通过研究广州夜间户外环境总体满意度调查结果柱状图，可以发现：

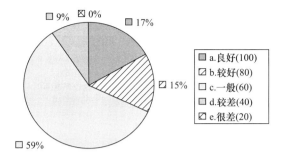

图 B.6.1　安全感满意度调查结果

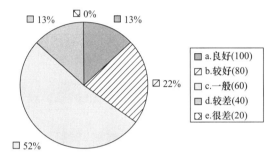

图 B.6.2　方位感满意度调查结果

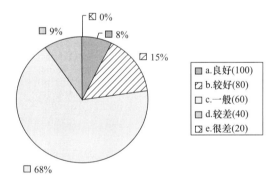

图 B.6.3　层次感满意度调查结果

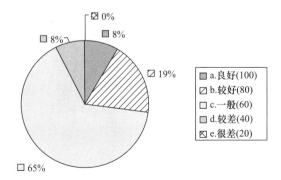

图 B.6.4　美观感满意度调查结果

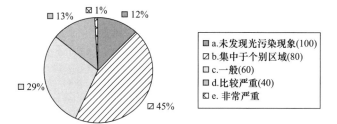

图 B.6.5　光污染及光干扰程度调查结果

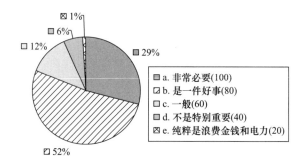

图 B.6.6　改善必要性调查结果

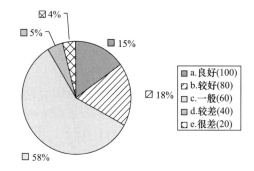

图 B.6.7　是否具有广州特色满意度调查结果

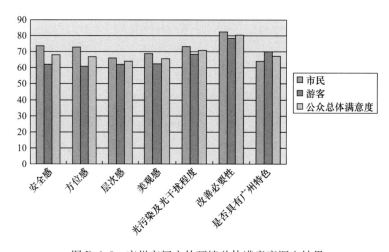

图 B.6.8　广州夜间户外环境总体满意度调查结果

1. 曲线最高点都出现在对改善必要性的评价上，一方面说明公众普遍对景观照明建设抱以关注和支持的态度，另一方面也说明现状景观照明质量还存在着较大的提升空间。

2. 夜间户外公共场所光环境层次感公众总体满意度评价最低，说明在广州市现有城市格局下，夜间户外公共场所光环境缺乏统筹安排和整体规划，由此导致了市民对城市景观照明是否具有广州特色的满意度评价最低，同时对外来游客而言，夜间活动时难以借助地标性建（构）筑物对城市进行定位。

3. 公众普遍认为广州市城市照明安全感较好；光污染及光干扰问题不突出，仅存在于个别地区，从侧面反映出，虽然广州市整体照明品质有待提升，但城市基础功能、景观照明体系已经建立。

B.7　广州市景观照明载体公众选择调查

B.7.1　公众满意的广州市夜景照明地区（图 B.7.1～图 B.7.4）

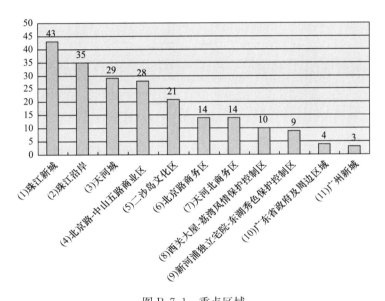

图 B.7.1　重点区域

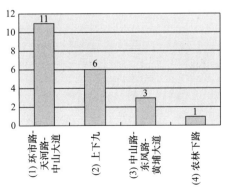

图 B.7.2　重要路径

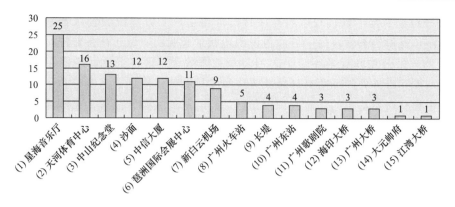

图 B.7.3 地标节点

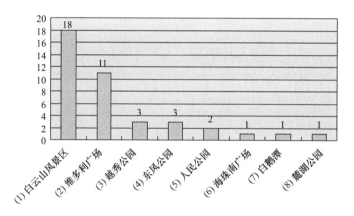

图 B.7.4 聚会场所

B.7.2 迫切需要景观照明建设的地区（图 B.7.5～图 B.7.8）

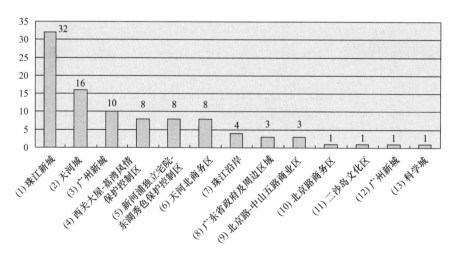

图 B.7.5 重点区域

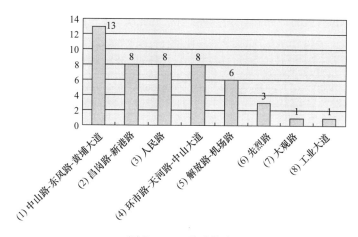

图 B.7.6 重要道路

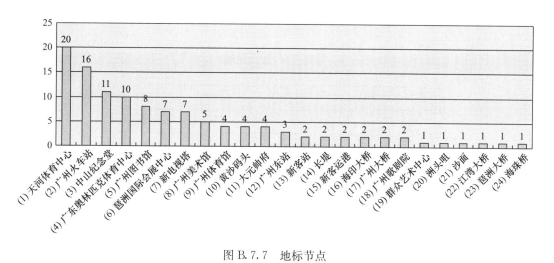

图 B.7.7 地标节点

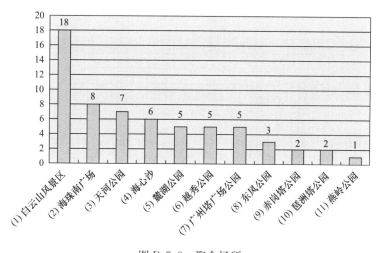

图 B.7.8 聚会场所

B.7.3 公众不满意的广州市夜景照明地区（图 B.7.9～图 B.7.12）

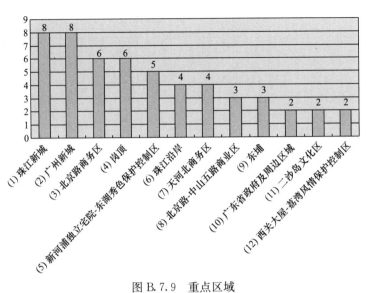

图 B.7.9 重点区域

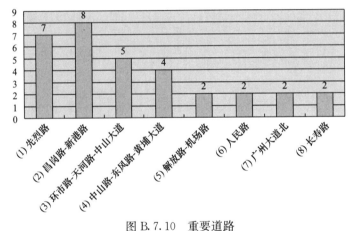

图 B.7.10 重要道路

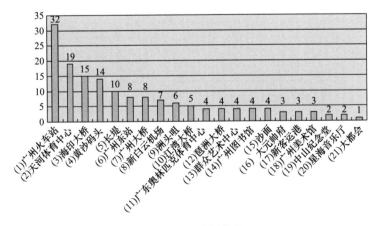

图 B.7.11 地标节点

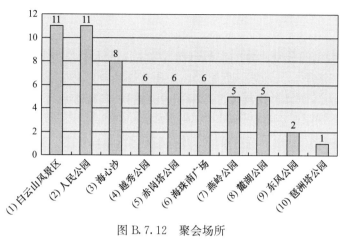

图 B.7.12 聚会场所

B.7.4 调查结论（图 B.7.13～图 B.7.15）

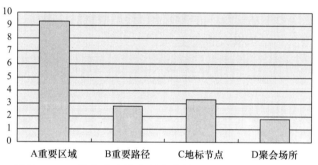

图 B.7.13 公众满意的广州市夜景照明地区类型柱状图

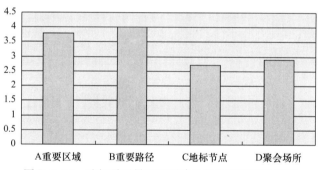

图 B.7.14 迫切需要景观照明建设的地区类型柱状图

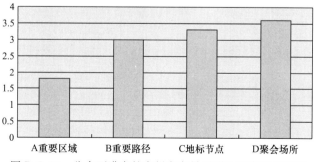

图 B.7.15 公众不满意的广州市夜景照明地区类型柱状图

B.8 调查结论

1. 调查表中列举的公众满意的广州市夜景照明地区主要是目前城市建设的重点区域，如珠江新城、珠江沿岸、天河城、北京路～中山五路商业区、二沙岛文化区、北京路商务区、西关大屋-荔湾风情保护控制区、新河浦独立宅院-东湖秀色保护控制区等，与传统观念中城市景观照明局限于商业区不同，广州市加大了对文化区、风情旅游区以及城市新城的景观照明建设力度，提高了城市整体文化品位。

2. 聚会场所白云山风景区、越秀公园、麓湖公园、东风公园等的景观照明满意度普遍偏低。其中白云山风景区、麓湖公园、燕岭公园、人民公园是除广州火车站、天河体育中心和海印大桥外，公众最不满意景观照明效果地区。结合希望增加的夜生活活动场所的调查可以发现，现状城市照明对非消费型的公共活动场所重视不足，而这恰恰是公众最期望设置景观照明的地区。

3. 通过对柱状图的分析可得知，广州市现有地标性建筑绝大多数已设置了景观照明，但照明效果存在着良莠不及的现象。在最满意、最不满意的调查中，公众表现出了对城市门户建筑、新建大型公共建筑极大的关注。

参 考 文 献

［1］ Edward Lucie-Smith. Late Modern the Visual Arts Since 1945 ［M］. Praeger Publishers. 1976.

［2］ 李玉白，陈贞，译. 1945 年后西方城市规划理论的流变 ［M］. 北京：中国建筑工业出版社，1998.

［3］ 吴家骅. 景观形态学 ［M］. 北京：中国建筑工业出版社，1999.

［4］ Tiesdell，Oc. Steven，H. Taner. Revitalizing Historic Urban Quarters：城市历史街区的复兴. Architectural Press，2001.

［5］ 杨公侠. 视觉与视觉环境（修订版）［M］. 上海：同济大学出版社，2002.

［6］ 何人可，译. 交往与空间（第四版）［M］. 北京：中国建筑工业出版社，2002.

［7］ 轩明飞. 经营城市 ［M］. 南京：东南大学出版社，2004.

［8］ 徐明宏. 休闲城市 ［M］. 南京：东南大学出版社，2004.

［9］ 王建国. 城市设计 ［M］. 南京：东南大学出版社，2004.

［10］ 王富臣. 形态完整——城市设计的意义 ［M］. 北京：中国建筑工业出版社，2005.

［11］ 周进. 城市公共空间建设的规划控制与引导——塑造高品质城市公共空间的研究 ［M］. 北京：中国建筑工业出版社，2005.

［12］ 尹海林. 天津城市景观规划管理研究 ［M］. 武汉：华中科技大学出版社，2005.

［13］ 游宏滔，译. 大规划——城市设计的魅惑和荒诞 ［M］. 北京：中国建筑工业出版社，2006.

［14］ 黄富厢，朱琪，译. 城市设计 ［M］. 北京：中国建筑工业出版社，2006.

［15］ 刘宛. 城市设计实践论 ［M］. 北京：中国建筑工业出版社，2006.

［16］ 许浩. 城市景观规划设计理论与技法 ［M］. 北京：中国建筑工业出版社，2006.

［17］ 陈宇. 城市景观的视觉评价 ［M］. 南京：东南大学出版社，2006.

［18］ 汪海波等. 城市规划编制办法 ［S］. 北京：中国建筑工业出版社，2006.

［19］ 杨公侠，杨旭东. 城区照明指南 ［J］. CIE136-2000 号出版物. 北京. 2002，5（4）：6-10.

［20］ CIE Technical Report. Road Lighting Lantern and Installation Data-Photometrics. Classification and Performance，2002，34（4）.

［21］ Merriam-Webster. Merriam-Webster's Collegiate Dictionary ［11th］. 2001，2.

［22］ Ninth Edition. The IESNA LIGHTING HANDBOOK. The Illuminating Engineering Society of North America，2000.

［23］ 尹思谨. 城市色彩景观规划设计研究 ［D］. 北京：清华大学. 2002.

［24］ 黄鹤. 当代文化规划的理论与方法研究 ［D］. 北京：清华大学. 2004.